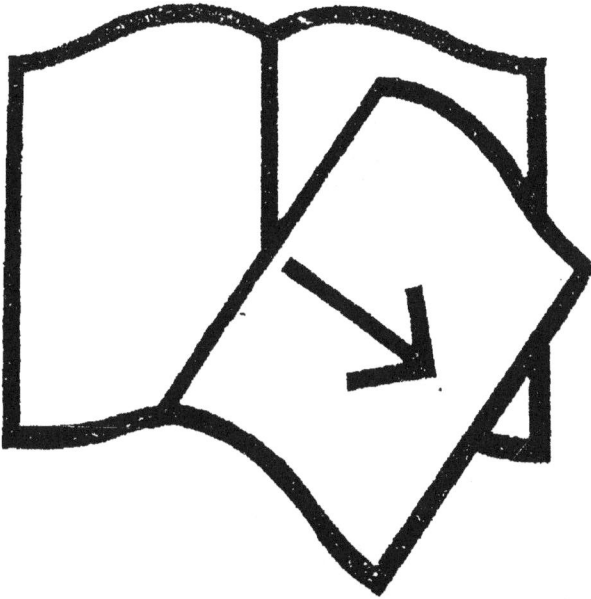

Couvertures supérieure et inférieure
manquantes

À Monsieur Léopold Delisle hommage de...

Hommage de [?] bien dévoué

G. d. Beaurepaire

RENSEIGNEMENTS STATISTIQUES

SUR

L'ÉTAT DE L'AGRICULTURE

VERS 1789

Recueillis par Cʜ. DE BEAUREPAIRE

POUR LE COMITÉ DE L'EXPOSITION UNIVERSELLE DE 1889

(SEINE-INFÉRIEURE)

ROUEN

IMPRIMERIE ESPÉRANCE CAGNIARD

rues Jeanne-Darc, 88, et des Basnage, 5

1889

INTRODUCTION

Les documents qui suivent ont été recueillis et rassemblés pour satisfaire au désir que M. le Ministre de l'Agriculture exprimait, dans sa circulaire du 12 février dernier, de présenter à l'Exposition universelle un tableau comparatif de l'état de l'agriculture avant 1789 et a l'époque actuelle, ainsi que des charges pesant sur elle, avec toutes les variations entre ces deux époques.

M. le Ministre estimait avec raison qu'on pourrait trouver dans les archives départementales d'utiles et précieux renseignements pour établir aussi exactement que possible la situation agricole avant 1789 ; qu'on pourrait y trouver aussi une foule de documents propres à déterminer les étapes successives parcourues depuis 1789 jusqu'en 1882.

Une œuvre de ce genre est assurément possible, et on ne saurait contester qu'il en est peu qui méritent davantage l'attention des esprits sérieux, et les encouragements d'une administration éclairée. Mais on ne peut se dissimuler qu'elle nécessite des recherches très longues et un travail de rédaction considérable.

Adjoint, par M. le Préfet de la Seine-Inférieure, au sous-comité départemental de l'agriculture pour l'Exposition de 1889, j'ai fait de mon mieux pour répondre aux instructions de ce sous-comité et pour justifier la confiance qui m'a été témoignée par son président, M. Charles Besselièvre, conseiller général. Laissant de côté des recherches qui m'eussent entraîné trop loin et n'eussent pu être terminées en temps utile, je me suis efforcé principalement d'éclairer la période intermédiaire entre l'ancien et le nouveau régime. Mais, les documents ne se présentant pas en quantité suffisante, à une date précise, j'ai bien été obligé de les prendre où je les trouvais, un peu en deçà, un peu au delà, sans perdre de vue, toutefois, la date, qui est le point de départ de l'étude à entreprendre.

Le peu de temps dont j'ai pu disposer me fera pardonner, je l'espère, les lacunes qu'on remarquera dans ce travail. On doit l'accueillir comme une simple ébauche, où des personnes, plus compétentes que je ne le suis, trouveront l'indication de quelques-unes des sources qu'il serait utile d'explorer.

Ch. DE BEAUREPAIRE.

STATISTIQUE GÉNÉRALE

Extrait d'une série de questions proposées aux Administrations municipales de canton de la Seine-Inférieure sur l'économie rurale, par l'Administration centrale du département, 25 prairial an VI (2 juin 1798), conformément à une Circulaire du Ministre de l'Intérieur du 3 floréal précédent (22 avril 1798).

Quelle est la nature du sol de votre canton ? Combien y a-t-il d'acres en labour, en masures, en prairies, en bois ? combien en bon, en médiocre, en mauvais fonds ?

Canton d'Arques : En labour, 14,033 a. (5,456 en bonne qualité; 4,890 en médiocre; 3,597 en mauvaise); en masures, 2,235 a. (1,809 en bonne qualité; 426 en médiocre); en prairies, 1,622 a. (1,368 en bonne qualité; 254 en médiocre); en bois taillis, 840 a. (525 en bonne qualité; 315 en médiocre); en futaies, 97 a., non compris les bois nationaux. Il y a, de plus, 941 a. de pâtis, côteaux et communes (1).

Canton d'Auffay : En lab., 17,687 arp. (6,869 arp. 17 perch. en bonne qualité; 7,695 arp. 25 p. en médiocre; 3,122 arp. 71 p. en mauvaise); en mas., 2,691 arp.

(1) Les abréviations de cet état doivent être ainsi interprétées : a., acre; ar., are; arp., arpent; h., hectare; p., perche; v., vergée.

30 p. (1,698 arp. 32 p. en bonne qualité ; 886 arp. 2 p. en médiocre ; 106 arp. 96 p. en mauvaise) ; en prairies, 394 arp. 24 p. (109 arp. 7 p. en bonne qualité ; 149 arp. 64 p. en médiocre ; 45 arp. 53 p. en mauvaise) ; en bois, 1,555 arp. 80 p. (580 arp. 52 p. en bonne qualité ; 708 arp. 10 p. en médiocre ; 267 arp. 18 p. en mauvaise).

Canton de Bacqueville : En lab., 10,379 a. ; en mas., 1,693 ; en prairies, 258 ; en bois taillis, 1,081 ; en haute futaie, côtières et joncs marins, 559. Un 6e du sol en terre forte ; 2/6 en terre argileuse ; 3/6 en terre à cailloux.

Canton de Bellencombre : En lab., 5,800 a. ; en mas., 420 ; en prairies, 158 ; en bois taillis, 138. En outre, 7,403 arpents de bois en haute futaie, forêt d'Eavy, appartenant à la Nation.

Canton du Bourg-Dun : En lab., 9,200 a. ; en mas., 1,400 ; en prairies, 400 ; en bois taillis, 380.

Canton de Criel : En lab., 12,367 a. ; en mas., 655 ; en prairies, 917 ; en bois, 1,260.

Canton de Dieppe : En lab., 219 a. 1 v. 5 p. ; en mas., 35 a. 3 v. 22 p. ; en prairies, 108 a. 3 v. 11 p. ; en pâtis, 67 a. 1 v.

Canton d'Englesqueville : En lab., 5,767 h. 24 ar. ; en mas., 1,102 h. 38 a. ; en prairies, 128 h. 02 ar. ; en bois, 460 h. 44 ar.

Canton d'Envermeu : En lab., 1,631 a. ; en mas., 385 ; en prairies, 1,501 ; en bois, 19,940.

Canton d'Eu : En lab., 6,336 a. ; en prairies, 795 ; en bois, 2,173.

Canton de Longueville : En lab., 5,500 a.; en mas., 1,794; en prairies, 343; en bois, 2,110.

Canton d'Angerville-l'Orcher : En lab., 6,588 a.; en mas., 775; en prairies, 0; en bois, 357. On note que les chevaux viennent de la Flandre.

Canton de Bolbec : En lab., 11,863 a.; en mas., 1,282; en prairies, 20; en bois, 840.

Canton de Bréauté : En lab., 10,851 a. 3 p.; en mas., 1,123; en prairies, 0; en bois, 66.

Canton de Criquetot-l'Esneval : En lab., 8,088 a.; en mas., 1,615; en prairies, 0; en bois, 1,600 arp. On note que le *peuple* (le peuplier) réussit comme bois.

Canton de Fécamp : En lab., 1,001 a. 1 v. 8 p.; en mas., 131 a. 8 v.; en prairies, 101 a. 1 v. 20 p.; en bois de haute futaie, 20 a.; en bois taillis, 392 a. 1 v.

Canton de Goderville : En lab., 16,795 arp.; en mas., 1,422; en prairies, 0; en bois taillis, 229; en haute futaie, 24. Le peuplier y est cultivé, mais est peu estimé.

Canton de Gonneville : En lab., 9,091 a. 41 p.; en mas., 800 a. 122 p.; en prairies, 59 a.; en bois taillis, 184 a. 100 p.

Canton d'Harfleur : En lab., 1,299 arp. 25 p.; en mas., 251; en prairies ou herbages, 415; en bois, 52 arp. 25 p.; en jardinage, 202 arp.; en joncs marins, 26; en forêt nationale, 1,200.

Canton d'Ingouville : En lab., 1,527 h.; en mas., 206; en prairies, 74; en bois, 45.

Canton de Saint-Léonard : En lab., 7,676 arp. 55 p.;

en mas., 895 arp. 67 p.; en prairies, 111 arp. 2 p.; en bois, 1,247 arp. 89 p.

Canton de Lillebonne : En lab., 6,804 a.; en mas., 529; en prairies, 1,274; en bois, 740.

Canton de Montivilliers : En lab., 11,033 arp.; en mas., 1,330; en prairies, 321; en bois taillis, 214.

Canton de Saint-Nicolas-de-la-Taille : En lab., 6,614 arp.; en mas., 835; en prairies, 122; en bois, 3,445.

Canton d'Argueil : En lab., 8,288 arp.; en mas., 3,041; en prairies, 148; en bois, 23 arp. 44 p.

Canton d'Aumale : En lab., 2,112 arp.; en mas., 1,539; en prairies, 713; en bois, 3,674 (y compris ceux de la Nation).

Canton de Blangy : En lab., 20,511 arp.; en mas., 1,746; en prairies, 342.

Canton de la Feuillie : En lab., 8,156 a.; en mas., 899; en prairies, 227; en bois, 2,098.

Canton de Forges : En lab., 4,630 arp. 98 p.; en mas., 3,975; en prairies, 1,068; en bois, 3,050.

Canton de Foucarmont : En lab., 6,650 a.; en mas., 700; en prairies, 88; en bois taillis, 500. Plus 5,000 arp. de forêt.

Canton de Gaillefontaine : En lab., 4,975 a.; en mas., 3,587; en prairies, 175; en bois, 905; en bois taillis, 272.

Canton de Gournay : En lab., 3,210 a.; en mas. et herbages, 404; en prairies naturelles, 960; en bois, 747.

Canton de Londinières : En lab., 10,920 arp.; en mas., 2,985; en prairies, 405; en bois, 2,850.

Canton de Ménerval : En lab., 5,438 a.; en mas., 3,869; en prairies, 796; en bois, 880.

Canton de Neufchâtel : En lab., 18,188 arp. ou 9,094 h.; en mas., 8,331 arp. ou 4,165 h.; en prairies, 1,802 arp. ou 1,145 a. ou 915 h.; en bois, 3,482 arp. ou 1,741 h.; en larris, 821 arp. ou 512 a. ou 410 h.; en communes, 100 arp. ou 50 h.

Canton de Saint-Saëns : En lab., 9,940 a. ou 1,808 arp.; en mas., 4,150 arp.; en prairies, 800 arp.; en bois, 4,600 arp., y compris la forêt.

Canton de Rouen : En lab., 498 a.; en mas. et prairies, 60; en prairies, 300; en bois, 2.

Canton de Buchy : En lab., 11,312 a.; en mas., 1,802; en prairies, 12; en bois, 1,579.

Canton de Cailly : En lab., 9,704 arp.; en mas., 1,346; en prairies, 86; en bois, 1,094.

Canton de Canteleu : En lab., 2,750 a.; en mas., 1,700; en prairies, 2,370; en bois, 1,123; en forêt, 3,102.

Canton de Darnétal : En lab., 285 a.; en mas., 50; en prairies, 28; en bois, 247.

Canton de Duclair : En lab., 9,896 a.; en mas., 1,902; en prairies, 763; en bois, 4,434.

Canton d'Elbeuf : En lab., 168 a.; en mas., 72; en prairies, 40; en bois, 1,486.

Canton de Franqueville : En lab., 11,301 arp. 97 p.; en mas., 1,398 arp. 2 p.; en prairies, 37 arp. 59 p.; en bois, 2,627 arp. 99 p.

Canton de Fréville : En lab., 13,371 arp.; en mas., 1,491; en prairies, 0; en bois de haute futaie, 121; en taillis, 1,234; en coteaux arides, 440.

Canton de Saint-Jacques-sur-Darnétal : En lab., 10,944 arp.; en mas., 1,301; en prairies, 32 arp. 50 p.; en bois, 2,985 arp. 50 p.

Canton du Mont-aux-Malades : En lab., 4,085 a.; en mas., 589; en prairies, 665; en bois, 827.

Canton de Monville : En lab., 6,978 a ; en mas., 1,121; en prairies, 381; en bois, 2,409.

Canton d'Oissel : En lab., 4,885 a.; en mas., 380; en prairies, 1,231; en bois, 1,098.

Canton de Pavilly : En lab., 14,439 a.; en mas., 1,529; en prairies, 128; en bois de haute futaie, 76; en taillis, 1,107.

Canton de Quincampoix : En lab., 4,957 arp. 27 p.; en mas., 167 arp. 65 p.; en prairies, 18 arp. 3 p.; en bois, 1,958 arp. 44 p.

Canton de Ry : En lab., 5,000 a.; en mas., 500; en prairies, 250; en bois taillis, 1,200; en friches, 400.

Canton de Cany : En lab., 12,047 a.; en mas., 1,394; en prairies, 681 ; en bois, 1,533.

Canton de Caudebec : En lab., 9,664 a.; en mas., 1,575; en prairies, 1,463; en bois, 2,298.

Canton de Doudeville : En lab., 11,784 a.; en mas., 1,610; en prairies, 143; en bois, 1,143.

Canton de Fauville : En lab., 13,676 a.; en mas., 1,710; en prairies, 0; en haute futaie, 340; en taillis, 214.

Canton de Fontaine-le-Dun : En lab., 7,061 a.; en mas., 904; en prairies, 0; en bois, 109.

Canton de Saint-Laurent : En lab., 11,887 arp.; en mas., 1,687; en prairies, 0; en bois, 805.

Canton de Motteville : En lab., 15,600 a.; en mas., 1,803; en prairies, 37; en bois, 670.

Canton d'Ourville : En lab., 11,098 a.; en mas., 1,274; en prairies, 114; en bois, 730.

Canton de Sassetot : En lab., 7,010 a.; en mas., 828; en prairies, 0; en bois, 300.

Canton de Saint-Valery : En lab., 9,130 a.; en mas., 1,443; en prairies, 0; en bois, 40.

Canton de Valliquierville : En lab., 11,732 arp.; en mas., 1,561; en prairies, 16; en bois, 597; en haute futaie, 47.

Canton de Valmont : En lab., 7,594 a.; en mas., 1,087; en prairies, 247; en bois, 990.

Canton de Veules : En lab., 7,800 arp.; en mas., 1,100; en prairies, 70; en bois, 85.

Canton d'Yvetot : En lab., 300 a.; en mas., 200; en prairies, 0; en bois, 0.

Renseignements consignés dans ces Tableaux par cantons.

Arbres cultivés : Chêne, frêne, hêtre, orme, bouleau.

Peuplier d'Italie planté depuis peu; sa culture est signalée dans presque tous les cantons; peu estimé dans le canton de Gonneville; réussit peu dans le canton d'Aumale. On regrette, dans le canton de Bacqueville, la plantation qui a été faite du peuplier d'Italie, qui n'est bon à rien.

Plant de châtaigniers essayé dans le canton d'Envermeu. On regrette, dans le canton de Motteville, que sa culture soit négligée. On croit, dans le canton de Neufchâtel, qu'il y a eu autrefois des châtaigniers dans le pays. On en signale la présence dans les cantons de Fauville, de Buchy, de Gournay, de Gonneville.

Sapin récemment introduit dans les cantons de Fauville, de Gonneville, de Saint-Jean-du-Cardonnay, de Valliquierville, de Valmont.

Le tilleul n'a pu réussir dans le canton de Gonneville.

L'orme tortillard, récemment introduit du Vimeu dans le canton de Ménerval.

Peuplier du Canada, marronniers d'Inde et platanes cultivés dans le canton de Rouen.

Mûrier blanc cultivé par exception dans le canton de Monville, et, à Estouteville, dans le canton de Buchy.

Ypréau, dans le canton de Montivilliers.

Sycomore dans le canton de Gonneville.

Peu de pépinières. Dans le canton d'Harfleur, la totalité des plants venaient de Rouen et de Paris. Pépinières soignées dans le canton d'Aumale.

Chevaux. — Canton du Havre : « Le pays de Caux produisait beaucoup de chevaux pour la cavalerie, et d'une belle espèce. Il fournissait aussi des chevaux de figure pour carrosse et pour selle ; mais ces espèces ont dégénéré par la suppression des haras. Les gardes étalons faisaient de grands sacrifices pour se procurer les plus beaux chevaux. On n'y en voit plus que d'ordinaires pour le trait ; encore les fait-on venir pour la plupart des départements du Nord et du Pas-de-Calais. On les fait servir dans les fermes à la monte des juments. Il est à désirer que le gouvernement, dont la sollicitude paternelle veille sur tout ce qui peut contribuer à la richesse nationale, prenne quelques mesures sur cet objet important. »

Canton de Goderville : « Chevaux de trait tirés de la Flandre ou du Cotentin. »

Cantons du Mont-aux-Malades et de Sassetot, même remarque.

Absence de haras dans les cantons d'Argueil, d'Aumale et autres.

Peu de chevaux pour la main dans le canton de Blangy.

Rien que des chevaux de trait dans la plupart des cantons.

Peu de vétérinaires; remplacés presque partout par des maréchaux.

Les instruments aratoires étaient la grande et la petite charrue, la herse et le rouleau.

On laissait en jachère, en général le quart; le tiers, cantons d'Auffay, Bacqueville, Bellencombre, Criel, Dieppe, Englesqueville. Mais déjà l'usage était de mettre une portion des jachères en prairies artificielles.

Dans les cantons qui, depuis, ont formé l'arrondissement d'Yvetot, les jachères étaient singulièrement réduites.

Canton de Cany : 10e des terres en jachères.

— de Caudebec : le tiers, le 6e; en quelques endroits, aucunes.

Canton de Doudeville : le 9e.
— de Fauville : le 9e.
— de Fontaine-le-Dun : le tiers.
— de Saint-Laurent : le quart.
— de Motteville : du quart au 5e.
— d'Ourville : sur 100 acres, 10.
— de Sassetot : le 40e.
— de Saint-Valery : 1 acre sur 10.
— de Valliquierville : le 10e.
— de Valmont : le 12e.
— de Veules : presque pas.
— d'Yvetot : 10 acres sur 100.

On cultivait les trèfles, le sainfoin et la luzerne.

Presque partout on déclare que les terres sont aussi bien cultivées qu'elles peuvent l'être.

ANIMAUX

Amélioration de la race ovine

Assemblée provinciale de la Généralité de Rouen, 11 décembre 1787 :

« Entre les objets sur lesquels l'agriculture de la Généralité reste en arrière, on doit particulièrement citer l'avilissement et la dégradation des moutons. On ne les y considère qu'en rapport des engrais qu'ils produisent ; et, pourvu que les toisons et la différence entre le prix d'achat et celui de la vente au boucher balancent les frais de nourriture et ceux de l'entretien du berger, l'on n'en demande pas davantage. Cela pouvait, dans l'ancien état de choses, suffire au vœu du laboureur; mais l'intérêt général exige qu'il ait des prétentions plus considérables. Nos manufactures de lainages ne le cèdent à ceux de nos rivaux qu'à cause de l'infériorité de la matière première procédante de notre cru. » (Arch. de la S.-Inf.; C. 2111.)

Mémoire sur l'amélioration de la race ovine et le parcage des bêtes à laine, 1789. (*Ibid.; C. 2120.*)

Un des objets de l'institution du bureau d'encouragement, dans l'Assemblée provinciale, c'était : « l'acquisition et la propagation de nouvelles races de moutons qui pourraient perfectionner les laines nationales », 1789. (*Ibid.; C. 2173.*)

L'Assemblée provinciale reconnaissait l'importance de faire venir des béliers et des brebis d'Angleterre, malgré la rigueur des lois anglaises, 1789. (*Ibid.; C. 2117.*)

Mais bientôt la Commission intermédiaire de la haute Normandie, dans le compte-rendu de ses travaux, p. 190, avait à constater les vains efforts du département pour se procurer des moutons du Lincolnshire, dont la laine était longue et fine.

Cependant, l'Administration départementale continua ses soins pour l'amélioration des laines.

Elle comptait sur les prix nationaux qui avaient été proposés aux cultivateurs les plus habiles et les plus actifs. (*Rapport des travaux du département, depuis le mois de novembre 1792 au 1er brumaire an IV. Imprimé.*)

Extrait de renseignements sur l'agriculture, les manufactures et les arts dans la Seine-Inférieure en l'an IX (1801).

CANTON DE ROUEN.

Bonsecours : ch., 15; j., 25; v., 60; b. à l., 120 (1).—Boisguillaume : ch., 60.; j., 94; b., 3; v., 209; b. à l., 208. —Déville : ch. 37; j. 45; v., 86. — Grand-Quevilly : ch. 31; j., 60; b. 1; v. 146; b. à l., 190. — Maromme : ch., 15; j., 17; b., 1; v., 49. — Mesnil-Esnard : ch., 26; j., 7; v., 92; b. à l., 150. — Mont-aux-Malades : ch., 19; v., 27; b., 1; v., 82; b. à l., 265. — Petit-Quevilly : ch., 30; j. 45; v., 79; b. à l., 70. — Saint-Aiguan : ch., 10; j., 10; v., 90. — Saint-Martin-du-Vivier : ch., 18; j. 19, v. 60; b. à l., 90. — Sotteville-lès-Rouen : ch. 22; j., 38; v. 274; b. à l., 350.—Rouen : ch.,1 ; j., 2; b., 5; v., 6; b. à l., 15 (2).

CANTON DE MONVILLE.

Anceaumeville : ch., 14; j., 24; v., 45; b. à l., 200. — Authieux-Saint-Adrien : ch., 20; j., 9; v., 27; b. à l., 60. — Bocasse : ch.,48; j., 8; v., 37; b. à l., 160. — Clères : ch., 22; j. 28; v., 42; b. à l., 220. — Cordelleville : ch., 6; j., 14; v., 14; b. à l., 60. — Fontaine-le-Bourg : ch., 42.; j., 27; b., 2; v., 88; b. à l., 290. — Frichemesnil : ch., 7; j., 25; v., 23; b. à l., 290. — Grugny : ch., 3; j., 17; b., 1; v., 35; b. à l., 230. — Houssaye-Bérenger : ch., 9; j., 13; b., 1; v., 75; b. à l., 105. — Montcauvaire : ch., 37; j., 27; b., 1; v., 90; b. à l., 430. — Monville : ch., 34; j., 58; b., 1; v., 82; b. à l., 320. — Ormesnil : ch., 4; j., 20; v., 30; b. à l., 220. — Rathiéville : ch., 20; j., 12.; v.,32.— Tendos, ch., 4; j. 8; v., 27.

(1) Les abréviations de cet état doivent être ainsi interprétées : b. à l., bête à laine; b., bœuf; ch., cheval ; j., jument; v., vache.

(2) On ne tient compte dans cet état que des chevaux et juments employés au labourage. Il y avait de plus, à Rouen, 7 étalons, 3 du pays et 4 étrangers. Sur les 15 bêtes à laine de cette commune, 8 étrangères; au Mesnil-Esnard, sur 150, 50 étrangères. Dans le nombre des chevaux du Grand-Quevilly, 30 seulement employés à l'agriculture; le reste, mauvais chevaux servant à charrier de la bruyère.

Bouille (la) : ch., 18; j., 14; v., 14. — Caudebec-lès-Elbeuf : ch., 60; j., 40; v., 80; b. à l., 100. — Cléon : ch., 26; j., 2; v., 81; b. à l., 211. — Freneuse : ch., 43; j., 5; v., 90. — Grand-Couronne : ch., 20; j., 30; v., 230; b. à l., 200. — Londe (la) : ch. 37; j., 24; b., 1; v., 164; b. à l., 156. — Oissel : ch., 151; j., 68; b., 1.; v., 222; b. à l., 337 (1). — Orival : ch. 12; j., 2; v., 48. — Petit-Couronne : ch., 60; j., 104; v., 107; b. à l., 60. — Saint-Aubin-jouxte-Boulleng : ch., 17; j., 6; v., 70. — Saint-Etienne-du-Rou-vray : ch., 55; j., 84; v., 185; b. à l., 500. — Sotteville-sous-le-Val : ch., 40; j., 1; v., 80; b. à l., 305.—Tourville-la-Rivière : ch., 60. j., 3; v., 160; b. à l., 380.

Barentin : ch., 50; j., 70; v., 100; b. à l., 500. — Bautot : ch., 8; j., 49.; v., 42; b. à l., 310. — Butot : ch., 18; j., 36; b., 1; v., 52; b. à l., 509.— Emanville : ch., 31; j., 73; v., 108; b. à l., 490. Gueutteville : ch., 5; j., 25; v., 31; b. à l., 261. — Houpillières : ch., 13; j., 17; v., 38; b. à l., 100. — Limésy : ch., 60; j., 100; b., 2; v., 198; b. à l., 884. — Pavilly : ch., 33; j., 84; v., 142; b. à l., 450. — Ramfeugère : ch., 4; j. 24; v., 23; b. à l., 180. — Saint-Ouen-du-Breuil : ch., 6; j., 70; v., 48; b. à l., 280. — Sainte-Austreberte : ch., 12; j., 43; v., 77; b. à l., 370. — Sierville : ch., 53; j., 123; b., 4; v. 191; b. à l., 628. — Val-Martin : j., 16; v., 20; b. à l., 200.

APPRÉCIATIONS

Les notes qui suivent sont tirées des rôles qui ont servi à l'imposition des vingtièmes (contribution fon-cière récente) jusqu'à la Révolution. Ces rôles ont été

---

(1) A Oissel, sur ce nombre de chevaux, 30 passables. Les autres, du prix de 15 à 40 fr. Sur les 222 vaches, il s'en vendait les trois quarts à la fin de l'hiver, parce qu'il n'y avait pas de pâturages.

dressés d'une manière uniforme; mais les indications,
utiles pour la statistique, que nous avons recueillies, et
qui figurent aux premiers ou aux derniers feuillets des
rôles, ne sont pas les mêmes pour toutes les paroisses.
Chaque contrôleur a entendu son travail de rédaction
d'une manière différente. Ainsi s'expliquent les diffé-
rences qu'on observera dans les notices paroissiales que
j'ai rédigées.

Les instructions du gouvernement prescrivaient au
contrôleur, pour l'estimation des prés, de consulter les
baux, et de discuter la valeur locative qui y était portée, contradictoirement, s'il était nécessaire, avec les
propriétaires et les fermiers, et, en l'absence de baux
particuliers, de faire l'évaluation, sur les productions
annuelles, par le prix commun du quintal, charretée,
cent de bottes ou autres mesures locales de foin, déduction faite des frais de culture et de récolte. L'estimation
des bois devait se faire sur le prix des marchés ou
adjudications que le contrôleur se faisait apporter.
La valeur locative des terres, prélevée sur plusieurs
baux, devait former la base essentielle des revenus et le
prix commun des terres de chaque classe. Ces prix, ainsi
arrêtés, étaient ensuite vérifiés, et soumis à la contradiction des intéressés.

Le prix des grains était déterminé par celui des
marchés de l'année 1767 à l'année 1767, conformément
à des instructions de 1776.

Mais on voit que, pour les rôles rédigés antérieure-
ment à cette époque (voir le rôle de Bacqueville de 1759),
l'évaluation des grains fut réglée et arrêtée par le
contrôleur « sur les informations qu'il avait eues du prix

de leur vente, au marché du bourg, pendant dix années
consécutives, et en en tirant une moyenne (1). »

Les rôles de vingtièmes, bien étudiés, pourraient
fournir des renseignements intéressants sur la division
de la propriété foncière ; sur l'étendue des biens ecclésiastiques. Le temps ne m'a pas permis d'aborder ce
travail, qui nécessiterait une grande attention. Je crois
pouvoir dire cependant, d'après ces rôles, qu'on exa-
gère généralement l'étendue des biens d'église ; que la
propriété foncière était plus divisée qu'on ne le croit
ordinairement, et que, dans les derniers temps, le
nombre des cotes diminua plutôt que d'augmenter.

On trouvera dans le *Manuel métrique* de Périaux
les tableaux comparatifs des poids et mesures anciens
avec les nouveaux, qui ont cours actuellement.

L'acre, la mesure agraire la plus souvent citée, équi-
valait partout à 4 vergées, chacune de 40 perches, soit
160 perches. Le plus ordinairement, la perche était de
22 pieds carrés, le pied étant de 12 pouces. Mais il y
avait des paroisses où l'on comptait 21 pieds à la perche,
le pied étant de 12 pouces (les Authieux, Quiévreville) ;
d'autres où l'on comptait 11 pouces au pied (Saint-
Aubin-la-Rivière) ; d'autres enfin où l'on comptait
10 pouces au pied, la perche étant de 22 pieds (Boos,
Franquevillette, Saint-Pierre et Notre-Dame-de-Franqueville).

(1) Pour le prix des terres de cette même paroisse, le contrôleur
déclare que son tarif a été arrêté « tant sur la parfaite connaissance
qu'il a d'abord prise, sur les lieux, des différentes qualités, produits
et revenus en général de ces fonds, que sur le prix des baux et autres
actes, non suspects, représentés dans le cours de sa vérification ».

Les rôles de vingtièmes, bien que classés autrefois par bureaux de contrôleurs, l'ont été dans les Archives du département, par arrondissements et par cantons.

Nous avons pris dans chaque arrondissement le premier canton qui se présentait suivant l'ordre alphabétique. Nous en avons pris 2 pour l'arrondissement du Havre : les cantons de Bolbec et de Criquetot-l'Esneval, parce que celui de Bolbec nous avait fourni trop peu de rôles de paroisses, accompagnés d'un tarif d'estimation.

C'est à cette circonstance, très fréquente, que tient l'omission que nous avons dû faire de bon nombre de paroisses dans les divers cantons.

ARRONDISSEMENT DE DIEPPE.

Canton de Bacqueville (1).

Auppegard, 1758. Mas., a., b., 40 l.; méd., 30; ma., 24. Lab., a., b., de 18 à 24 l.; méd., 14; ma., 8. Boiss. de fr., pes. 40 l., 2 l. 2 s.; de se., 1 l. 4 s.; d'o., 1 l. 6 s.; d'av., 1 l. 10 s. Les habitants, pendant l'hiver, faisaient des toiles avec les lins qu'ils avaient récoltés. La par. consommait le cidre qu'elle produisait (2).

Auzouville-sur-Saâne, 1773. Mas., a., b., 40 l.; méd., 30; ma., 24. Lab., a., b., 16 l.; méd. 12; ma., 8. Pr., a., b., 50 l.; méd., 40; ma., 40. Herbages, a., 20. Pâtis, a., 6. l.

Bacqueville, 1759. Mas., a., b., 40 l.; méd., 30; ma., 20. Lab., a., b., 20 l.; méd., 16; ma., 12. Pr. a., b., 40 l.; méd., 30; ma., 20. Bois taillis s'usant tous les 9 ans, a., b., 144; méd., 90; ma., 45 (3). Pâtis

(1) Arch. de la S.-Inf., C. 529,530.

(2) Les abréviations doivent être ainsi interprétées : a., acre; arp., arpent; av., avoine; bois., boisseau; lab., labour ou terre labourable; mas., masure; ma., mauvaise; méd., médiocre; mét., méteil mi., mine; o., orge; par., paroisse ou paroissien; p., perche; pes., pesant; pr., prés ou prairies; se., seigle; v., vergée.

(3) Nous nous abstiendrons, pour les autres par., de donner le prix des bois, des joncs marins et des pâtis.

et joncs marins, a., b., 10 l.; méd., 6; ma., 15. Boiss. de fr., pes. 50 l., 3 l.; de mét., pes. 46 l., 2 l. 8 s.; de se., pes. 43 l., 1 l. 16 s.; d'o., pes. 43 l., 1 l. 10 s.; d'av., pes. 33 l., 1 l. 5 s. Il y avait, en mas., 188 a.; en lab., 1,363; en pr., 13 a. 1 v.; en pâtis, 32 a. 2 v.; en bois taillis, 95 a., le tout représentant un revenu annuel de 42,695 l. Les biens d'église consistaient en 4 a. de mas., 132 a. 3 v. de lab.; 2 a. de pr.; en dîmes évaluées à 3,495 l., le tout représentant un revenu de 6,925 l. On comptait 400 feux et 1,400 habitants, dont quelques-uns tisserands. — 1786, mas. a., b., 60 l.; méd., 40; ma., 20. Lab., a., b., 30 l.; méd., 20; ma., 10. Pr., a., b., 60 l.; méd., 40; ma., 20. Bois, a., b., 25 l.; méd., 15; ma., 10. Boiss. de fr., 5 l.; de mét., 4 l.; de se., 2 l. 10 s.; d'o., 2 l. 10 s.; d'av., 1 l. 10 s. On comptait 290 maisons, 129 a. de mas., 1,238 de lab., 17 de pr., 165 de bois taillis.

Biville-la-Rivière, 1752. Mas., a., b., 40 l.; méd., 30; ma., 20. Lab., a., b., 16 l.; méd., 12; ma., 8. Pr., a., b., 56 l.; méd., 40.

Brachy, 1781. Mas., a., b., 60 l.; méd., 40; ma., 20. Lab., a., b., 30; méd., 20; ma., 10. Boiss. de fr., pes. 50 l., 5 l.; de mét., 4 l.; de se., 2 l. 10 s.; d'o., 2 l. 10 s.; d'av., 1 l. 15 s.

Gourel (aujourd'hui h. de la com. de Brachy), 1750. Mas., a., b., 40 l.; méd., 30; ma., 24. Lab., a., b., de 16 à 24 l.; méd., 14 l.; ma., 10. Pr., a., b., 60 l.; méd., 50; ma., 40. Sac (6 boiss.) de fr., pes. 300 l., 15 l.; de mét., pes. 230 l., 12 l.; de se., pes. 260 l., 9 l.; d'o., pes. 260 l., 9 l.; d'av., pes. 200 l., 6 l. Cent bottes de pois secs et vesce, 12 l.

Gueures, 1759. Mas., a., b., 40 l.; méd., 30; ma., 24. Lab., a., b. de 20 à 24 l.; méd., de 14 à 16; ma., 8. Pr., a., b., 50 l.; méd., 36; ma., 30. Bois. de fr., pes. 50 l., 2 l. 2 s.; de se., 1 l. 4 s.; d'o., 1 l. 6 s.; d'av., 1 l. 10 s.

Herbouville (aujourd'hui h. de la com. de Royville), 1779. Mas., a., b., 60 l.; méd., 40; ma., 30. Lab., a., b., 25; méd., 15; ma., 10. Bois. de fr., pes. 50 l., 5 l.; de mét., pes. 50 l., 4 l.; de se., pes. 40 l., 2 l., 10 s.; d'o., pes. 40 l., 2 l. 10 s.; d'av., pes. 35 l., 1 l. 10 s. On comptait 23 a. de mas., 132 de lab., 30 de bois taillis s'usant tous les 9 ans, 50 de joncs marins.

Hermanville, 1759. Mas., a., b., 40 l.; méd., 30; ma., 24. Lab., a., b., de 16 à 20 l.; méd., 12; ma., 8. Pr., a., b., 60. Bois. de fr., pes. 50 l., 2 l. 10 s.; de se., 1 l. 8 s.; d'o., 1 l. 15 s.; d'av., 1. l. 10 s.

Lammerville, 1756. Mas., a., b., 40 l.; méd., 30; ma., 20. Lab., a., b., 10; méd., 12; ma, 8. Pr., a., b., 40 l.; méd., 20. Bois. de fr., 2 l. 10 s.; de mét., 2 l.; de se., 1 l. 10 s.; d'o., 1 l. 10 s.; d'av., 1 l. 5 s. Cent de bottes de pois secs et vesces, 12 l. On comptait 143 feux,

106 maisons, plus 2 moulins, 365 par., dont quelques-uns faisaient
de la siamoise; en mas., 127 a. 3 v.; en lab., 945 a. 3 v.; en pr., 8 a.
1 v.; en bois taillis, 23 a. 1 v.; en joncs marins, 2 v. Le tout repré-
sentait un revenu total de 23,552 l., y compris le revenu des biens
ecclésiastiques, évalué à 3,804 l. 14 s. 3 d. Les dîmes figuraient dans
ce dernier chiffre pour 2,306 l. Le nombre des cotes autorise à porter
le nombre des propriétaires à 101.

Omonville, 1762. Mas., a., b., de 30 à 40 l.; méd., de 24 à 32.
Lab., a., b., de 16 à 20; méd., de 12 à 16.

Rainfreville, 1751. Mas., a., b., 40 l.; méd., 30; ma., 20. Lab.,
a., b., 20 l.; méd., 16; ma., 12. Pr., a., méd., 45 l.; ma., 30.

Royville, 1752. Mas., a., b., 40 l.; méd., 30; ma., 20. Lab., a., b.,
16; méd., 12; ma., 8. Pr. et herbages, a. b., 40; méd., 30; ma., 20.
Bois de fr., 2 l ; de mét., 2 l.; de se., 1 l. 10 s.; d'o., 1 l. 10 s.; d'av.,
1 l. Cent de bottes de pois secs et de vesces, 12 l. On comptait
104 feux, 100 maisons, 290 habitants, dont quelques-uns faisaient de
la siamoise; en biens laïques : en mas., 68 a. 1/2 a. 1 v.; en lab.,
413 a. 1/2 a. 1 v.; en bois taillis, 14 a.; en joncs marins et pâtis,
12 a. 1/2 a. 1 v.; 1 moulin; le tout représentant un revenu effectif de
11,082 l. 6 s. 4 d.; — en biens ecclésiastiques : en lab., 15 a. 1 v.,
1 maison, des dîmes évaluées à 1,200 l., des rentes foncières, de
128 l. 7 s., le tout formant un revenu de 1,568 l. 17 s. Total du
revenu de toute la par., 12,651 l. 3 s. 4 d.

Saint-Just, 1753. Mas., a., b., 40; méd., 30; ma., 20. Lab., a., b.,
16; méd., 12; ma., 8. Pr., a., b., 40; méd., 30; ma., 20. Bois. de fr.,
2 l. 10 s.; de met., 2 l.; de se., 1 l. 10 s.; d'o., même prix; d'av., 1 l.
Cent de bottes de pois secs et de vesces, 12 l. On comptait 60 hab.;
quelques-uns faisaient de la siamoise.

Saint-Mards, 1759. Mas., a., b., 32 l.; méd., 24; ma., 16. Lab.,
a., b., 16 l.; méd., 12; ma., 8. Pr., a., b., 40; méd., 30; ma., 20.
Pour les céréales comme à Bacqueville. — 1776. Mas., a., b., 60 l.,
méd. 40; ma., 20. Lab., a., b., 30 l.; méd., 20; ma., 10. Pr., a., b.,
100 l.; méd., 60; ma., 40. Bois de fr., 6 l.; de mét., 5 l.; de se., 4;
d'o, 3; d'av., 2. En 1759, on comptait 140 feux, 496 habitants; en
biens laïques : en mas., 78 a. 1/2 a. 3 v.; en lab., 632 a. 3 v.; en pr.,
1 a. 2 v.; en pâtis, 5 a. 1 v.; en bois taillis, 4 a. 5 v., le tout, avec
les maisons, représentant un revenu de 13,680 l., — en biens d'église :
en mas., 2 a.; en lab., 40 a., 3 v.; en pr., 2 a.; en pâtis, 2 a., une
maison estimée à 154 l., un moulin estimé à 120 l., des dîmes estimées à 2,010 l., et des rentes estimées à 298 l., le tout représentant

un revenu de 3,380 l. Total du revenu de toute la par., 17,060 l. Cidres et poirés de mauvaise qualité.

Saint-Ouen-sur-Brachy (aujourd'hui h. de la com. de Brachy), 1751. Mas., a., b., 40 l.; méd., 30; ma., 25. Lab., a., b., 16 l.; méd., 12; ma., 8. Pr., a., b., 50; méd., 30; ma., 20.

Sassetot-le-Malgardé, 1751. Mas., a., b., 40 l.; méd., 30; ma., 20. Lab., a., b., 16; méd., 12; ma., 8. Bois. de fr., pes. 50 l., 2 l. 10 s.; de mét., pes. 46 l., 2 l.; de se., pes. 43 l., 1 l. 10 s.; d'o., même poids, même prix; d'av., pes. 33 l., 1 l. Cent de bottes de pois secs et de vesces, 12 l. On comptait 70 feux, 60 maisons, 230 hab., dont quelques-uns faisaient de la siamoise; en biens laïques : en mas., 35 a. 1 v.; en lab., 246 a. 1/2 a. 1 v.; le tout, avec les maisons, représentant un revenu de 6,412 l. 10 s.; en biens d'église : en mas., 1 a. 1/2 a. 1 v.; en lab., 6 a. 1/2 a. 1 v., 520 l. de dîmes; 82 l. 13 s. de rentes foncières et hypothèques, 100 l. de casuel, le tout représentant un revenu de 925 l. Total du revenu de toute la par., 7,337 l. 10 s.

Thil-Manneville, 1759. Mas., a., b., 40 l.; méd., 30; ma., 26. Lab., a., b., de 20 à 24 l.; méd., de 14 à 10; ma., 8. Bois. de fr., pes. 40 s., 2 l.; de se., 1 l. 4 s.; d'o, 1 l. 6 s.; d'av., 1 l.

ARRONDISSEMENT DU HAVRE (1).

Canton de Bolbec.

Alliquerville (aujourd'hui h. de la com. de Trouville), 1781. Mas., 40 l.; méd., 25; ma., 15. Lab., a., b., 18; méd., 12; ma., 8. Sac (6 bois. combles) de fr., pes. 330 l., 30 l.; de mét., pes. 310 l., 21 l.; de se., même poids, 18 l.; d'o., pes. 264 l., 18 l. Mine (4 bois.) d'av., pes. 128 l., 7 l. 10 s. Quelques-uns des habitants faisaient des siamoises; les femmes et les enfants filaient du coton.

Anxtot (aujourd'hui h. de la com. du Parc-d'Anxtot), 1780. Mas., a., b., 60 l.; méd., 50; ma., 35. Lab., a., b., 25 l.; méd., 20; ma., 15. Setier (4 bois.) de fr., pes. 240 l., 15 l. 15 s.; de mét., pes. 220 l., 13 l. 14 s.; de se., pes. 210 l., 9 l. 5 s.; d'o., pes. 200 l., 7 l. 17 s. 6 d.; d'av., pes. 200 l., 5 l. 9 s. 9 d.

Lintot, 1782. Mas., a., b., 60 l.; méd., 40; ma., 30. Lab., a., b., 24 l.; méd., 18; ma., 12 Sac (6 bois. combles), de fr., pes. 400 l., 35 l.; de mét., pes. 350 l., 25 l.; de se., pes. 350 l., 19 l. 10 s.; d'o., pes. 320 l., 22 l. Mine (4 bois.) d'av., pes. 160 l., 9 l.

(1) Arch. de la S.-Inf., C. 538.

Parc-d'Anxtot, 1780. Mas., a., b., 40 l.; méd., 30; ma., 26. Lab., a., b., 25; méd., 21; ma., 10. Pour les céréales, comme à Anxtot.

Saint-Jean-de-la-Neuville, 1778. Mas., a., b., 45 l.; méd., 35; ma., 30. Lab., a., b., 25 l.; méd., 20; ma., 10. Pour les céréales, comme à Anxtot.

Canton de Criquetot (1).

Angerville-l'Orcher, 1778. Mas., a., b., 40 l.; méd., 30; ma., 20. Lab., a., b., 25 l.; méd., 20; ma., 15. Pour les céréales, comme à Anxtot. On comptait 125 a. de mas., de méd. qualité, 1,527 a. de lab., de méd. qualité.

Anglesqueville-l'Esneval, 1776. Mas., a., b., 40 l.; méd., 30; ma., 20. Lab., a., b., 30; méd., 20 l. 10 s.; ma., 12. Pour les céréales, etc., comme à Anxtot. On comptait 65 feux; en mas., 28 a. et 1/2 de b. qualité, 24 a. 1/2 de méd., 2 a. 1/2 de ma.; en lab., 433 a. et 1/2 de bonne qualité, 253 a. et 1/2 de méd., 2 a. de ma.

Beaurepaire, 1777. Mas., a., b., 45 l.; méd., 35; ma., 25. Lab., a., b., 25; méd., 19; ma., 10. Sac (6 bois.) de blé, pes. 360 l., 23 l. 12 s.; de mét., pes. 300 l., 20 l. 10 s.; de se., pes. 312 l., 17 s. Mine (4 bois.) d'o., pes. 200 l., 7 l. 17 s.; d'av., pes. 170 l., 5 l. 10 s. On comptait 70 feux, 39 a. de mas., 466 a. de lab., 4 a. de bois, le tout de méd. qualité.

Bénouville, 1780. Mas., a., b., 40 l.; méd., 30; ma., 20. Lab., a., b., 25 l.; méd., 16; ma., 10. Pour les céréales, comme à Anxtot. On comptait 45 a. de mas., 403 a. de lab., 36 a. de terre en côtes.

Bordeaux, 1778. Mas., a., b., 40 l.; méd., 30; ma., 20. Lab., a., b., 25 l.; méd., 20; ma., 10. Pour les céréales, comme à Anxtot. On comptait 78 a. de mas., 944 a. de lab., 50 arp. de bois, le tout de méd. qualité.

Bruneval (aujourd'hui h. de la com. de Saint-Jouin), 1775. Mas., 30 l.; méd., 20; ma., 10. Lab., a., b., 15; méd., 8; ma., 2. Sac (6 bois.) de fr., pes. 360 l., de 30 à 32 l.; de mét., pesant 300 l., 29 l.; de se., pes. 180 l., 17 l. Bois. d'o., pes. 35 l., 2 l. Mine (4 bois.) d'av., pes. 100 l., de 6 à 7 l. Cent de bottes de pois secs et de vesces (la botte pes. de 7 à 8 l.), de 18 à 20 l.; de foin (la botte pes. de 12 à 15 l.), de 20 à 22 l. On comptait 12 feux, 3 a. de mas., 82 a. de lab. et de côtes.

Criquetot-l'Esneval, 1775. Mas., a., b., 45 l.; méd., 30; ma., 15.

(1) Arch. de la S.-Inf., C. 539.

Lab., a., b., 22 l.; méd., 15; ma., 10. Pour les céréales, etc., comme à Bruneval. On comptait 209 feux; 169 a. et 1/2 de mas., 1,850 a. 1/2 de lab.

Coudray (le), 1775. Mas., a., b., 40 l.; méd., 30 l.; ma., 20. Lab., a., b., 30 l.; méd., 18; ma., 10. Pr. et herbages, a., b., 50 l.; méd., 38; ma., 20. Pour les céréales, etc., comme à Bruneval. On comptait 33 a. de mas., 363 a. de lab., 3 a. 1/2 de bois.

Cuverville, 1780. Mas., a., b., 40 l.; méd., 30; ma., 28. Lab., a., b., 25 l.; méd., 18; ma., 10. Pour les céréales, etc., comme à Anxtot. On comptait 94 a. de mas., 926 de lab., 187 de terres en côtes.

Ecultot (aujourd'hui h. de la com. de Turretot), 1776. Mas., a., b., 40 l.; méd., 20; ma., 15. Pour les céréales, etc., comme à Bruneval. On comptait 22 feux, 25 a. et 1/2 de mas., 439 a. de lab., le tout de méd. qualité.

Ecuquetot (aujourd'hui h. de la com. de Gonneville), 1776. Mas., a., b., 40 l.; méd., 30; ma., 20. Lab., a., b., 25 l.; méd., 19; ma., 12. Pour les céréales, etc., comme à Beaurepaire. On comptait 49 feux, 43 a. et 1/2 de mas., 457 a. de lab., 16 arp. de bois, le tout de méd. qualité.

Etretat, 1775. Mas., a., b., 40 l.; méd., 20; ma., 15. Lab., a., b., 18; méd., 12; ma., 6. Pour les céréales, etc., comme à Bruneval. Mais le cent de bottes de pois secs et de vesces (la botte pes. de 7 à 8 l.), de 20 à 25 l.; de foin (la botte pes. de 12 à 15 l.), de 25 à 27 l. On comptait 115 feux, 33 a. de mas., 568 a. et 1/2 de lab., 4 a. de joncs marins.

Gonneville, 1776. Mas., a., b., 45 l.; méd., 32; ma., 20. Lab., a., b., 25,; méd., 17 l. 10 s.; ma., 14 l. Pour les céréales, etc., comme à Anxtot, excepté que le poids du setier de se. est porté à 208 l., celui de l'av. à 200. On comptait 70 feux; en mas., 35 a. de b. qualité; 171 a. et 1/2 de méd.; 6 de mauvaise qualité.

Hermeville, 1779. Mas., a., b., 40.; méd., 30; ma., 20. Lab., a. b., 25 l.; méd., 20; ma., 15. Pour les céréales, etc., comme à Anxtot. On comptait 52 a. de mas., 690 de lab.

Heuqueville, 1780. Mas., a., b., 40 l.; méd., 30; ma., 20. Lab., a., b., 25; méd., 19; ma., 10. Pour les céréales, etc., comme à Anxtot. On comptait, en mas., 67 a.; en lab., 701 a. de b. et méd. qualité, 75 de mauvaise.

Pierrefiques, 1778. Comme à l'art. précédent. On comptait, en mas., 41 a. de méd. qualité; en lab., 395 a. de méd. qualité, 114 de ma.

Poterie (la), 1778. Mas., a., b., 40 l.; méd., 30; ma., 20. Lab., a., b., 25; méd., 18; ma., 10. Pour les céréales, comme à Anxtot. On comptait 60 a. de mas., 916 a. de lab., le tout de méd. qualité.

Saint-Clair-sur-Mer (aujourd'hui h. de la commune de Bordeaux-Saint-Clair), 1780. Comme à l'art. précédent. On comptait, en mas., 19 a.; en lab., 238 a. de b. et méd. qualité, 54 de ma.

Saint-Jouin, 1777. Mas., a., b., 45 l.; méd., 35; ma., 20. Lab., a., b., 22 l.; méd. 17; ma., 8. Pour les céréales, etc., comme à Beaurepaire. On comptait 198 a. de mas., 2,459 a. de lab., le tout de méd. qualité.

Sainte-Marie-au-Bosc, 1777. Mas., a., b., 45 l.; méd., 35; ma., 20. Lab., a., b., 23 l.; méd., 17 l. 10 s.; ma., 15. Pour les céréales, etc., comme à l'art. précédent. On comptait 38 feux, 20 a. de mas., 381 de lab., le tout de méd. qualité.

Tilleul (le), 1778. Mas., a., b., 40 l.; méd., 30; ma., 20. Lab., a., b., 23 l.; méd., 15; ma., 10. Pour les céréales, etc., comme à Anxtot. On comptait 70 a. de mas., 880 de lab., le tout de méd. qualité.

Turretot, 1776. Mas., a., b., 40 l.; méd., 31; ma., 20. Lab., a., b., 25 l.; méd., 18 l. 5 s.; ma., 12 l. Pour les céréales, etc., comme à Anxtot. On comptait 45 feux; en mas., 35 a. et 1/2; en lab., 408 a. 1/2 de b. qualité ; 76 a. et 1/2 de méd.

Vergetot, 1779. Mas., a., b., 40 l.; méd., 30; ma., 20. Lab., a., b., 25; méd., 20; ma., 15. Pour les céréales, etc., comme à Anxtot. On comptait 31 a. de mas., 432 a. de lab.

Villainville, 1780. Mas., a., b., 40 l.; méd., 30; ma., 20. Lab., a., b., 25 l.; méd., 20; ma., 10. Pour les céréales, etc., comme à Anxtot. On comptait 46 a. de mas., 563 de lab.

ARRONDISSEMENT DE NEUFCHATEL.

Canton d'Argueil (1).

Argueil, 1779. Mas., a., b., 40 l.; méd., 40; ma., 30. Lab., a., b., 16; méd., 10; ma., 6. Pr., a., b., 70; méd., 60; ma., 50. Bois de fr., pes. 50 l., 4 l.; de mét., pes. 47 l., 3 l. 10 s.; de se., pes., 45 l., 3 l.; d'o., pes. 40 l., 2 l. 10 s.; d'av., pes. 30 l., 1 l. 10 s.

Beauvoir-en-Lions, 1780. Mas., a., b., 54 l.; méd., 44; ma., 34. Lab., a., b., 16 l.; méd., 12; ma., 6. Pr., a., b., 100 l.; méd., 90; ma., 20. Pour les céréales, etc., comme à l'art. précédent.

(1) Arch. de la S.-Inf., C. 547.

Bois-Gautier (le), 1772. Mas., a., méd., 40 l. Lab., a., b., 12 l.; méd., 8 l.; ma., 4 l. Pr., a., méd., 80 l. Bois. de fr., pes. 50 l., 4 l. 10 s.; de mét., pes. 47 l. 1/2, 3 l. 16 s.; de se., pes. 45 l., 3 l.; d'o., pes. 40 l., 2 l. 15 s.; d'av., pes. 30 l., 2 l. Cent de bottes de pois secs et de vesces (la botte pesant 16 l.), 25 l. Les femmes s'employaient à la filature du chanvre et du coton. On comptait 12 feux, y compris le presbytère.

Bosc-Asselin (le), 1777. Mas., a., b., 40 l.; med., 30; ma., 20. Lab., a., b., 12 l.; méd., 8; ma., 4. Pr., a., b., 80 l.; méd., 60; ma., 40. Bois. de fr., pes. 50 l., 5 l.; de mét., pes. 47 l. 1/2, 4 l.; de se., pes. 45 l., 3 l.; d'o., pes. 40 l., 2 l. 10 s.; d'av., pes. 30 l. 1 l. 10 s.

Brémontier (aujourd'hui h. de la com. de Massy), 1781. Mas., a., b., 70 l.; méd., 60; ma., 50. Lab., a., b., 18; méd., 14; ma., 10. Pr., a., b., 70; méd., 60; ma., 50. Pour les céréales, etc., comme à Argueil.

Bruquedalle, 1779. Mas., a., b., 40 l.; méd., 30; ma., 20. Lab., a., b., 10 l.; méd., 8; ma., 6. Setier (12 bois.) de fr., pes. 240 l., 17 l. 6 s.; de mét., pes. 220 l., 13 l. 18 s.; de se., pes. 210 l., 14 l. 8 s.; d'o., pes. 200 l., 10 l. 6 s.; d'av., pes. 200 l., 7 l. 9 s.

Chapelle-Saint-Ouen (la), 1775. Mas., a., b., 40 l.; méd., 36; ma., 30. Lab., a., b., 12 l.; méd, 10; ma., 6. Pr., a., b., 90 l.; méd., 80; ma., 70. Bois. de fr., pes. 50 l., 5 l. 10 s.; de mét., pes. 47 l., 4 l. 10 s.; de se., pes. 45 l., 3 l.; d'o., pes. 40 l., 2 l. 10 s. Cent de bottes de pois secs et de vesces (la botte pes. 16 l.), 30 l.; de foin (la botte pes. 6 l.), 10 l. On comptait 15 feux.

Croisy-la-Haye, 1770. Mas., a., b., de 24 à 30 l.; méd., de 15 à 24. Lab., a., b., de 12 à 15; méd., de 7 à 12; Pr., a., b., de 25 à 35; méd., de 15 à 20. — Même par., ham. de la Haye, 1777. Mas., a., b., 40; méd., 30; ma., 20; lab., a., b., 15; méd., 10; ma., 5. Pr., a., b., 110; méd.. 80; ma., 50. Mine de fr., pes. 192 l., 15 l. 2 s. 7 d.; de champart, pes. 181 l., 12 l. 17 s. 10 d.; de mét., pes. 176 l., 11 l. 4 s. 3 d.; de se., pes. 173 l., 8 l. 15 s. 8 d.: d'o., pes. 160 l., 7 l. 15 s. 9 d.; d'av., pes. 112 l., 5 l. 4 s. 6 d.; de vesces, pes. 200 l., 10 l. 5 s.

Feuillie (la), 1775. Mas., a., b., 50 l.; méd., 40; ma., 30. Lab., a., b., 16; méd., 12; ma., 6. Pr., a., b., 100; méd., 80; ma., 60. Pour les céréales, etc., comme à la Chapelle-Saint-Ouen. On comptait 158 feux dans le canton de Richebourg, 96 dans celui du Haut-

Manoir, 104 dans celui de Campjean, 132 dans celui des Ventes et Cornets. Une partie des habitants, sabotiers, ouvriers en bois, travaillant à la forêt. Les femmes occupées à filer du coton.

Hallotière (la), 1775. Mas., a., b., 40 l.; méd., 30; ma., 20. Lab., a., b., 15 l.; méd. 12; ma., 6. Pour les céréales, etc., comme à la Chapelle-Saint-Ouen. On comptait 32 feux. Les femmes s'occupaient à filer du coton.

Hodeng, 1779. Mas., a., b., 50 l.; méd., 40; ma., 30. Lab., a., b., 12 l.; méd., 10; ma., 8. Pr., a., b.; 50 l.; méd., 40; ma., 30. Pour les céréales, etc., comme à Argueil.

Hodenger, 1779. Mêmes indications.

Mesnil-Lieubray (le), 1779. Mas., a., b., 50 l.; méd., 40; ma.. 30. Lab., a., b., 16 l.; méd., 8; ma., 4. Pr., a., b., 90 l.; méd., 70; ma., 60. Pour les céréales, etc., comme à Argueil.

Mesangueville, 1779. Mas., a., b., 50 l.; méd., 40; ma., 30. Lab., a. b., 15; méd., 10; ma., 6. Pr., a., b., 50; méd., 40; ma., 30. Pour les céréales, etc., comme à Argueil.

Montagny (aujourd'hui h. de Nolleval), 1775. Mas., a., b., 50 l.; méd., 40; ma., 30. Lab., a., b., 15; méd., 10; ma., 6. Pr., a., b., 100 l.; méd., 80; ma., 60. Bois. de fr., pes. 50 l., 5 l. 10 s.; de mét., pes. 47., 4 l. 10 s.; de se., pes. 45 l., 3 l. 10 s.; d'o., pes. 40 l., 3 l.; d'av., pes. 30 l., 1 l. 15 s. Cent de pois secs et de vesces, 30 l.; de foin, 8 l. On comptait 56 feux. Les femmes s'occupaient à filer du coton.

Morville, 1776. Mas., a., b., 40 l.; méd., 30; ma., 20. Lab., a., b., 12 l. 15 s.; méd., 8 l. 10 s.; ma., 5 l. 6 s. Pr., a., b., 60 l., méd., 40 l.; ma., 25. Sac (9 bois.) de fr., pes. 350 l., 35 l.; de mét., pes. 300 l., 30 l.; de se., pes. 250 l., 20 l. Mine (4 bois.) d'o., pes. 130 l., 8 l.; d'av., pes. 250 l., 10 l.

Nolleval, 1775. Mas., a., b., 50 l.; méd., 40; ma., 30. Lab., a., b., 15 l.; méd., 12; ma., 6. Pr., a., b., 100 l.; méd., 80; ma., 60. Pour les céréales, etc., comme à Montagny. On comptait 60 feux. Femmes occupées à la filature du coton.

Saint-Lucien, 1777. Mas., a., b., 36 l.; méd., 30; ma., 6. Lab., a., b., 12 l.; méd. 10; ma., 5. Pr., a., b., 80 l.; méd., 10; ma., 50. Bois. de fr., pes. 50 l., 4 l. 10 s.; de mét., pes. 47 l., 3 l. 10 s.; de se., pes. 45 l., 3 l.; d'o., pes. 40 l., 2 l. 10 s.; d'av., pes. 30 l., 1 l. 10 s. On comptait 23 a. de mas., de ma. qualité; 711 a. de lab., dont 75 de b. qualité, 95 de méd., 541 de ma. qualité; 7 a. de pr. de ma. qualité; 55 a. 2 v. de bois de ma. qualité.

Sigy, 1779. Mas., a., b., 46 l.; méd., 36; ma., 20. Lab., a., b., 15; méd., 10; ma., 5. Pr., a., b., 70; méd., 60; ma., 50. Pour les céréales, etc., comme à Argueil.

ARRONDISSEMENT DE ROUEN.

Canton de Boos (1).

Amfreville-la-Mivoie, 1774. Mas., a., b., 55 l.; méd., 40. Lab., a., b., 18 l.; méd., 10 l.; ma., 5. Mas., a., b., 40 l.; méd., 30; ma., 20. Pâtis, a., ma., 2 l. Pour les céréales, etc., comme à Bonsecours.

Authieux (les), 1781. Mas., a., b., 48 l.; méd., 36; ma., 24. Lab., a., b., 24; méd., 17; ma., 8. Pr., a., b., 60 l.; méd., 40; ma., 20. Mine (moitié du sac ou 4 bois.) de fr., pes. 150 l., 14 l.; de mét., pes. 145 l., 10 l.; d'o., pes. 125 l., 5 l.; d'av., pes. 95 l., 5 l.

Belbeuf, 1780. Mas., a., b., 50 l.; méd., 40; ma., 30. Lab., a., b., 24 l.; méd., 20; ma., 16. Lab. en côtes, a., b., 8 l., méd., 6; ma., 4. Pâtis, a., b., 2 l. Mine (4 bois.) de fr., pes. 144 l. 11 l., 9 s. 2 d.; de champart, pes. 136 l., 9 l. 13 s. 4 d.; de mét., pes. 132 l., 8 l. 13 s. 2. d.; de se., pes. 130 l., 6 l. 11 s. 10 d.; d'o., pes. 120 l., 5 l. 16 s. 2 d. Mine (8 bois.) d'av., pes. 168 l., 7 l. 16 s. 9 d. Mine de vesces, pes. 150 l., 7 l. 13 s., 9 d.

Blosseville-Bonsecours, 1774. Mas., a., b., 60 l.; méd., 40; ma., 25. Lab., a., b., 25 l.; méd., 18; ma., 9. Lab. planté, a., b., 35 l.; méd., 10; ma., 12. Mine de fr., pes. 135 l., 13 l.; de mét., pes. 120 l., 8 l.; de se., pes. 110 l., 6 l.; d'o., pes. 95 l., 8 l. Mine (8 bois.) d'av., pes. 120 l., 7 l. Muid (144 pots) de cidre, de 20 à 25 l.

Boos, 1779. Mas., a., b., 48 l.; méd., 40; ma., 32. Lab., a., b., 24; méd., 20; ma., 16. Pour les céréales, etc., comme à Belbeuf.

Franquevillette (aujourd'hui h. de la com. de Boos), 1779. Mas., a., b., 24; méd., 18; ma., 12. Pour les céréales, etc., comme à Belbeuf.

Mesnil-Esnard (le), 1774. Mas., a., b., 45 l.; méd., 30; ma., 20. Lab., a., b., 20; méd., 18; ma., 12. Lab. planté, a., b., 25 l.; méd., 18; ma., 15. Mine (4 bois.) de fr., pes. 130 l., 12 l.; de mét., pes. de 70 à 80 l., de 7 à 8 l.; de se., pes. de 60 à 70 l., 5 l. Mine (8 bois.) d'av., 7 l. Muid de cidre, 24 l.

Mesnil-Raoul (le), 1777. Mas., a., b., 40 l.; méd., 32; ma., 24. Lab., a., b., 20 l.; méd., 16; ma., 12. Pour les céréales, etc., comme à Belbeuf.

(1) Arch. de la S.-Inf., C. 555.

Notre-Dame-d'Epinay (aujourd'hui h. de la com. de Saint-Aubin-Epinay), 1776. Mas., a., b., 30 l.; méd., 25; ma., 20. Lab., a., b., 10 l. 12 s.; mé '., 6 l. 8 s.; ma., 3 l. 4 s. Sac (9 bois.) de fr., pes. 350 l., 35 l.; de mét., pes. 300 l., 30 l.; de se., pes. 250 l., 20 l. Mine (4 bois.) d'o., pes. 190 l., de 10 à 11 l. Mine (8 bois.) d'av. pes. 280 l., de 6 à 8 l. On note qu'il passe dans cette par. une ravine considérable, qui souvent détruit les murs et entraîne les récoltes.

Notre-Dame-de-Franqueville, 1781. Mas., a., b., 48; méd., 40; ma., 32. Lab., a., b., 24 l.; méd., 20; ma., 16. Pour les céréales, etc., comme à Belbeuf. On note que plusieurs des habitants faisaient de la siamoise pour les maîtres toiliers de Rouen.

Quiévreville-la-Poterie, 1781. Mas., a., b., 40 l.; méd., 30; ma., 20. Lab., a., b., 24 l.; méd., 17; ma., 20. Sac (5 bois.) de fr., pes. 300 l., 28 l.; de mét., pes. 290 l., 21 l.; de sé., pes. 170 l., 16 l.; d'o., pes. 250 l., 11 l.; d'ay., pes. 190 l., 11 l.

Saint-Aubin-la-Campagne (aujourd. partie de S.-Aubin-Celloville), 1774. Mas., a., b., 30 l.; méd., 20. Lab., a., b., de 15 à 20 l.; méd., 10 ; ma., 6. Mine (4 bois.) de fr., pes. 120 l., de 16 à 17 l.; de mét., pes. 100 l., de 12 à 13 l.; de se., pes. 100 l., de 9 à 10 l.; d'o., pes. 120 l., de 8 à 9 l. Mine (8 bois.) d'av., pes. 100 l., de 10 à 11 l.

Saint-Aubin-la-Rivière (aujourd'hui partie de S.-Aubin-Epinay), 1779. Mas., a., b., 50 l.; méd., 40; ma., 30. Lab., a., b.; 30 l.; méd., 20; ma., 10. Pr., a., b., 60 l.; méd., 50; ma., 40. Pour les céréales, etc., comme à Belbeuf.

Saint-Crespin-du-Becquet (aujourd'hui h. de la com. de Belbeuf), 1753. Mas., a., b., de 25 à 30 l.; méd., 20. Lab., a., b., 8 l.; méd., 4; ma., 1 l. 1/2. Iles ou prés, a., b., de 35 à 40; méd., 30; ma., 20. Mine de se., pes. 144 l., 5 l. Raisseau d'av. (6 bois., mesure spéciale pour l'av.), pes. 180 l., 5 l.

Saint-Pierre-de-Franqueville, 1780. Mas., a., b., 50 l.; méd., 40; ma., 30. Lab., a., b., 24 l.; méd., 20; ma., 16. Pour les céréa'es, etc., comme à Belbeuf.

ARRONDISSEMENT D'YVETOT.

Canton de Caudebec (1).

Bébec (aujourd'hui h. de la com. de Villequier), 1781. Mas., a., b., 50 l.; méd., 30; ma., 20. Lab., a., b., 20; méd., 15; ma., 10. Sac

(1) Arch. de la S.-Inf., C. 569. J'ai pris le canton de Caudebec, parce que celui de Cany ne m'a pas fourni de feuilles de tarifs.

(6 bois. combles) de fr., pes. 330 l., 30 l.; de mét., pes. 310 l., 21 l.; de ae., pes. 310 l., 16 l.; d'o., pes. 264 l., 18 l. Mine (4 bois.) d'av., pes. 128 l., 7 l. 10 d. Femmes et enfants employés à filer du coton.

Guerbaville, 1781. Mas., a., b., 50 l.; méd., 30; ma., 20. Marais, a., b., 20 l.; méd., 15; ma., 10. Sablon, a., b., 18; méd., 12; ma., 8. Pr., a., b., 50 l.; méd., 40; ma., 30. Pour les céréales, comme à l'art. précédent.

Louvetot, 1782. Mas., a., b., 60 l.; méd., 40; ma., 30. Lab., a., b., 24 l.; méd., 18; ma., 12. Pour les céréales, comme à l'art. précédent. La plupart des habitants employés à la fabrique de la siamoise; les femmes et enfants, à filer du coton.

Maulévrier, 1780. Mas., a., b., 50 l.; méd., 30; ma., 20. Lab., a., b., 20 l.; méd., 15; ma., 10. Pour les céréales, comme à l'art. précédent. Terres exposées aux ravages des bêtes fauves et des lapins. Femmes employées à filer du lin et du coton. Taille répartie à raison de 2 s. et 2 s. 3 d. du prix des fermages.

Notre-Dame-de-Bliquetuit, 1781. Mas., a., b., 50 l.; méd., 30; ma., 20. Marais, a., b., 20 l.; méd., 15; ma., 10. Sablon, a., b., 15 l.; méd., 10; ma., 7. Pr., a., b., 50 l.; méd., 40; ma., 30. Pour les céréales, comme à l'art. précédent. Terres exposées aux ravages des bêtes fauves et des lapins. « Les habitants ne sont pas riches à beaucoup près. Plusieurs travaillent à la forêt. Les femmes et les enfants filent du lin et du chanvre. » La taille est répartie à raison de 1 s. 3 d., 1 s. 6 d.

Saint-Arnoult, 1759. Mas. plantée, a., b., 30 l.; méd., 18; ma., 10. Lab., a., b., 15 l.; méd., 8; ma., 5.

Saint-Gilles-de-Cretot, 1781. Mas., a., b., 40 l.; méd., 25; ma., 15. Lab., a., b., 18; méd., 12; ma , 8. Terres fort mauvaises. Femmes et enfants employés à filer du lin et du coton. La taille répartie à raison de 1 s. 6 d., 1 s. 9 d. du prix des fermages.

Saint-Nicolas-de-Bliquetuit, 1781. Mas., a., b., 50 l.; méd., 30; ma., 20. Marais, a., b., 20 l.; méd., 15; ma., 10. Sablon, a., b., 15 l.; méd., 10; ma., 7. Pr., a., b., 50 l.; méd., 40; ma., 30. Terres exposées aux ravages des bêtes fauves. Habitants généralement pauvres, quoique possédant biens-fonds. Femmes et enfants employés à filer du chanvre. Taille répartie à raison de 1 s. 3 d., 1 s. 6 d. du prix des fermages.

Saint-Nicolas-de-la-Haie, 1781. Mas., a. b., 40 l.; méd., 25; ma., 15. Lab., a., b., 18 l.; méd. 12; ma., 8. Femmes et enfants employés à filer du lin et du coton. Taille répartie à raison de 1 s. 4 d., 1 s. 6 d. du prix des fermages.

Saint-Wandrille, 1759. Mas., a., b., 25 l.; méd., 15; ma., 8.
Lab., a., b., 10 l.; méd., 7.; ma., 4. Pr., a., b. 15 l.; méd., 15; ma., 10.

Vatteville, 1781. Mas., a., b., 50 l.; méd., 30; ma., 20. Marais,
a., b., 20 l.; méd., 12; ma., 10. Sablon, a., b., 18 l.; méd., 12;
ma., 6. Pr., a., b., 50 l.; méd., 40; ma., 30. Terres exposées aux
ravages des bêtes fauves et des lapins. « Elles n'ont de valeur que
par l'usage des forêts et des communes, qui permet aux fermiers
d'élever des bestiaux et de faire des élèves. Les fermiers sont généralement pauvres..... Les femmes filent du chanvre et du lin. Il n'y
a pas, actuellement, 30 ménages sans fièvres. »

Villequier, 1759. Mas. plantée, a., b., 30 l.; méd., 15; ma., 10.
Lab., a., b., 15 l.; méd., 8; ma., 6. Pâturages, a., b., 10 l.

Appréciations faites au bailliage royal d'Arques séant à Dieppe, de 1776 à 1791 (Extrait).
1787. Pâques.

Froment, boiss. d'Arques (16 pots), 3 l. 5 s. 8 d.; boiss. d'Envermeu,
(12 pots), 2 l. 9 s. 3 d.

Champart, boiss. d'Arques (16 pots), 2 l. 14 s. 3 d.; boiss. d'Envermeu (12 pots), 2 l. 6 s.

Bis blé, boiss. d'Arques (16 pots), 2 l. 4 s. 3 d.; boiss. d'Envermeu
(12 pots), 1 l. 13 s.

Orge, boiss. d'Arques (16 pots), 1 l. 18 s. 6 d.; boiss. d'Envermeu
(12 pots), 1 l. 8 s. 9 d.

Avoine, boiss. d'Arques (16 pots), 1 l. 8 s. 6 d.; boiss. d'Envermeu
(12 pots), 1 l. 1 s. 3 d.

Pigeons, douzaine, 2 l.

Œufs, le cent, 2 l, 8 s.

1787. Saint-Jean.

Froment, boiss. d'Arques (16 pots), 3 l. 1 s, 5 d.; boiss. d'Envermeu (12 pots), 2 l. 6 s.

Champart, boiss. d'Arques (16 pots), 2 l. 17 s. 1 d.; boiss. d'Envermeu (12 pots), 2 l. 2 s. 9 d.

Bis blé, boiss. d'Arques (16 pots), 2 l. 11 s. 5 d.; boiss. d'Envermeu (12 pots), 1 l. 18 s. 6 d.

Orge, boiss. d'Arques (16 pots), 2 l. 8 s.; boiss. d'Envermeu,
12 pots), 1 l. 16 s.

Avoine, boiss. d'Arques (16 pots), 1 l. 7 s. 5 d.; boiss. d'Envermeu
(12 pots), 1 l. 6 d.

Poulets, le couple, 1 l.

1787. Saint-Michel.

Froment, boiss. d'Arques (16 pots), 3 l. 2 s. 4 d.; boiss. d'Envermeu (12 pots), 2 l. 12 s.

Champart, boiss. d'Arques (16 pots), 2 l. 13 s. 4 d.; boiss. d'Envermeu (12 pots), 2 l.

Bis blé, boiss. d'Arques (16 pots), 2 l. 6 s. 8 d.; boiss. d'Envermeu (12 pots), 1 l.

Orge, boiss. d'Arques (16 pots), 2 l. 9 s. 4 d.; boiss. d'Envermeu. 1 l. 17 s.

Avoine, boiss. d'Arques (16 pots), 1 l. 6 s. 8 d.; boiss. d'Envermeu (12 pots), 1 l.

1787. Noël.

Froment, boiss. d'Arques (16 pots), 3 l. 10 s.; boiss. d'Envermeu, (12 pots), 2 l. 12 s. 6 d.

Champart, boiss. d'Arques (16 pots), 2 l. 18 s. 6 d.; boiss. d'Envermeu (12 pots), 2 l. 3 s. 10 d.

Bis blé, boiss. d'Arques (16 pots), 2 l. 10 s.; boiss. d'Envermeu (12 pots), 1 l. 17 s. 6 d.

Orge, boiss. d'Arques (16 pots), 2 l. 5 s. 8 d.; boiss. d'Envermeu (12 pots), 1 l. 14 s. 3 d.

Avoine, boiss. d'Arques (16 pots), 1 l. 4 s. 3 d.; boiss. d'Envermeu (12 pots), 18 s. 1 d.

Oie, 2 l. 10 s.

Chapon, 1 l.

Poule, 15 s.

Appréciations au greffe royal de-Neufchâtel des volailles (poule et chapon) et du boisseau de céréales (froment, méteil, orge, avoine).

1722. Fr., 57 s.; o., 40 (1).
1723. Fr., 50 s.; o., 30.

(1) Les abréviations de cet état doivent être ainsi interprétées : av., avoine; ch., chapon; d., denier; fr., froment; mét., méteil; o., orge; p., poule; s., sou; se., seigle.

1724. Fr., 40 s.; mét., 35; o., 25; av., 20.
1725. Fr., 55 s.; mét., 48; o., 32; av., 28.
1726. Fr., 48 s.; mét., 40; o., 32; av., 28.
1727. Fr., 45 s.; mét., 40; o., 32; av., 27.
1728. Fr., 23 s.; mét., 18; o., 15; av., 14.
1729. Fr., 40 s.; mét., 35; o., 30; av., 27.
1730. Fr., 45 s.; mét., 38; o., 32; av., 28.
1731. Fr., 50 s.; mét., 42; o., 36; av., 30.
1732. Fr., 25 s.; mét., 20. Poule, 18 s. Chapon, 12.
1733. Fr., 25 s.; mét.. 22; o., 20; av., 17.
1734. Fr., 25 s.; mét., 20; o., 18.
1735. Fr., 32 s.; mét., 27; o., 23; av., 21.
1736. Fr., 38 s.; mét., 32; o., 22; av., 20.
1737. Fr., 30 s.; mét., 28; o., 22; av., 20.
1738. Fr., 35 s.; mét., 32; o., 20; av. 18. Ch., 20. P., 12.
1739. Fr., 46 s.; mét., 38; o., 26; av., 18.
1740. Fr., 45 s.; mét., 38; o., 25; av., 25.
1741. Fr., 42 s.; mét., 36; o., 30; av., 28.
1742. Fr., 50 s.; mét., 42; o., 30; av., 30.
1743. Fr., 29 s.; mét., 24; o., 23; av., 22.
1744. Fr., 25 s.; mét., 22; o., 18; av., 17.
1745. Fr., 24 s.; mét., 18; o., 22; av., 20.
1746. Fr., 35 s.; mét., 22; o., 21; av., 17.
1747. Fr., 34 s.; mét., 24; o., 20; av., 14.
1748. Fr., 44 s.; mét., 34; se., 22; o., 20; av., 17.
1749. Fr., 40 s.; mét., 32, 3 d.; se., 22; o., 19; av., 18.
1751. Fr., 44 s. 3 d.; mét., 33 s.; o., 23 s. 6 d.; av., 20 s. 3 d.
1752. Fr., 58 s. 6 d.; mét., 45 s.; o., 30 s.; av., 24 s. 6 d.
1753. Fr., 64 s. 9 d.; mét., 59 s.; se., 46 s., o., 33 s. 9 d.; av., 29 s.
1754. Fr., 56 s.; mét., 40; o., 30; av., 23 s., 6 d.
1755. Fr., 44 s. 6 d.; mét., 36 s.; o., 24 s. 6 d.; av., 20 s.
1756. Fr., 31 s.; mét., 21; o., 22 s. 6 d.; av., 20 s.
1757. Fr., 43 s. 9 d.; mét., 33 s. 9 d.; o., 29 s.; av., 22 s. 3 d.
1758. Fr., 64 s.; mét., 50; o., 34; av., 28.
1759. Fr., 46 s.; mét., 36; o., 25 s. 6 d.
1760. Fr., 46 s.; mét., 36; o., 28; av., 21.
1761. Fr., 48 s.; mét., 38; o., 27; av., 21.
1762. Fr., 46 s.; mét., 36; o., 27; av., 22.
1763. Fr., 44 s.; mét., 35; o., 28.
1764. Fr., 37 s.; mét., 30; o., 26 s. 6 d.; av., 24.

1765. Fr., 37 et 38 s.; mét., 30; o., 21; av., 19.
1766. Fr., 45 s.; mét., 35; o., 23; av., 23.
1767. Fr., 52 s.; mét., 38; o., 33; av., 27 s. 6 d.
1768. Fr., 62 s. 6 d.; mét. 47 s. 6 d.; o., 33 s.; av., 27 s. 6 d.
1769. Fr., 82 s.; mét., 70 s.; o., 40.
1770. Fr., 71 s.; mét., 55 s., o., 32; av., 26.
1771. Fr., 73 s.; mét., 64; o., 40; av., 22.
1772. Fr., 75 s.; mét., 65; o., 40; av., 30.
1773. Fr., 73 s. 3 d.; mét., 59 s. 3 d.; o., 38; av., 32.
1774. Fr., 76 s.; mét., 62 s.; o., 38; av. 18 s. 6 d.
1780. Fr., 57 s.; mét., 44 s. 9 d.; o., 34 s.: av., 27.
1781. Fr., 58 s.; mét., 44 s. 3 d.; o., 34 s., 6 d.; av., 30 s. 6 d.
1782. Fr., 55 s. 9 d.; mét., 41 s. 3 d.; o., 30 s.; av., 25 s. 6 d.
1783. Fr., 55 s.; mét., 42 s.; o., 34; av. 28.
1784. Fr., 69 s. 6 d.; mét., 56 s.; o., 38 s. 9 d.; av., 20 s.
1785. Fr., 67 s. 6 d.; mét., 47 s.; o., 38; av., 35 s.
1786. Fr., 57 s. 3 d.; mét., 46 s. 6 d.; o., 37 s. 9 d.; av., 30 s.
1787. Fr., 52 s. 9 d.; mét., 44 s. 6 d.; o., 34 s.; av., 28.
1788. Fr., 57 s. 9 d.; av., 24 s. 6 d.
1789. Fr., 84 s.; mét., 75 s.; o., 58.

De 1738 à 1789 le prix du chapon est fixé à 18 s. *minimum*, à 20 s. *maximum*. Celui de la poule, à 12 s. La corvée est évaluee à 12 s.; la livre de lin, au même prix.

Prix de diverses denrées en diverses localités et à diverses époques.

Bezancourt. Toison de laine, en 1786, 1788, 4 l. — Cent de bourgognes, en 1786, 1787, 20 l.; en 1788, 22. — Corde de bois taillis, en 1786, 1788, 7 l. — Gerbe de seigle, en 1786, 1787, 15 s.; en 1788, 18. — Gerbe de blé, en 1786, 1787, 18 s.; en 1788, 20. — Gerbe d'orge, en 1786, 1788, 12 s. — Gerbe d'avoine, en 1786, 1787, 12 s.; en 1788, 13. — Cent de pois, en 1786, 1787, 24 l.; en 1788, 26. — Cent de vesces, en 1786, 24 l.; en 1787, 20; en 1788, 24. — Boisseau de poires, en 1786, 8 s.; en 1787, 25; en 1788, 3; de pommes, en 1786, 12 s.; en 1787, 40; en 1788, 4. — Cochon de lait, en 1786, 1788, 3 l. — En 1789, toison de laine, 3 l. — Boisseau de poires, 10 s.; de pommes, 12. — Cochon de lait, 3 l. — En 1790, cent de bourgognes. 18 l. — Gerbe de blé, 18 s.; de seigle, 15; d'orge, 12; d'avoine, 13; de lentilles, 5. — Cent de pois, 24 l.; de vesce, 20. — Boisseau de poires, 10 s.; de pommes, 15. — Cochon de lait, 3 l.

Boschyons, en 1790, cent de foin artificiel, 20 l. — Gerbe de blé, 17; de seigle, 15; d'orge, 10; d'avoine, 11. — Cent de pois et de vesce, 24 l. — Muid de poires, 18 l.; de pommes, 20.

Cany, 20 décembre 1791. Agneau, 10 s.; cochon de lait, 3 l. Livre (16 onces) de beurre, 10 s.; de cire, 1 l. 10 s.; de miel, 10 s. — 1787, boisseau (20 pots, mesure d'Arques) de froment, 4 l. 3 s. 4 d.; de méteil, 3 l. 5 s. 10 d.; de seigle, 2 l. 4 s. 2 d.; d'orge, 2 l. 11 s. 8 d.; d'avoine, 1 l. 9 s. 4 d. Oie, 1 l. 13 s. 4 d. Canard, 17 s. 8 d. Chapon, 1 l. Poulet, 11 s. 3 d. Douzaine de pigeons, 1 l. 14 s. 8 d. Poule, 11 s. 6 d. Douzaine d'œufs, 5 s. 9 d. Poule d'Inde, 2 l.

Estouteville, au district de Gournay (aujourd'hui Estouteville-Ecalles), 1790. Agneau, 2 s. 6 d. Livre de laine, 18 s. Glu de seigle, 13 s. Cent de pois, 36 l. Boisseau d'avoine, 31 s.; d'orge, 40 s.

Gournay. Prix moyen des grains, mesure de Gournay (18 pots d'Arques au boisseau), et des autres denrées, pris sur 14 années, déduction faite des 2 plus fortes (1788, 1789) et des 2 plus faibles (1780, 1782). Boisseau de bon blé, 4 l. 2 s. 9 d.; de blé moyen, 3 l. 11 s. 6 d. 6 dixièmes; de méteil, 3 l. 10 s. 9 d. 6 dixièmes;

d'orge, 2 l. 9 s. 9 d.; d'avoine, 1 l. 14 s. 9 d. 9 dixièmes.
Dindon, 3 l. Chapon, 1 l. 4 s. Poule, 15 s. Poulet, 12 s.
Canard, 18 s. Cochon de lait, 4 l. Pigeon, 3 s. Livre
(18 onces) de beurre, 18 s.; de cire, 12 l. Douzaine de
fromages fins, 2 l. 14 s. Cent d'œufs, 2 l. 10 s. Cent de
paille, 24 l. (Etat dressé par le conseiller Roussel,
6 avril 1792).

Gonneville, 1790. Evaluation de 2,983 gerbes de
blé, à 2,983 l.; de 165 de seigle, à 165; de 76 d'orge,
à 38; de 1,034 d'avoine, à 517. Evaluation de 700 bottes
de pois, à 252; de 1,293 de vesces, à 322; de 2,303 de
foin, à 200; de 19 de rabette, à 72; de 41 de lin, à
21 l. 10 s.; de 90 de dragée et trèfle, à 23 l. Evaluation
de 460 boisseaux de pommes, à 336 l.; de 130 fagots,
à 13; de 200 bourrées, à 12; de 12 paquets de vau-
lards, à 7 l. 4 s.; de 12 bottes de cercles, à 14 l.; de
4 bourdes, à 1 l.

Héberville, 1791. Gerbe de blé, 18 s.; de seigle, 16;
d'avoine, 9; d'orge, 9; de lin, 30. Cent de trèfle, de
pois, 24 l.; de vesce, 20 l. Mine de colza, 15. Boisseau
de pommes, 15 s. Livre de laine, 20 s.

Hermeville, 1790. Evaluation de 44 boisseaux de blé,
à 176 l.; de 44 de méteil, à 132 ; de 88 d'orge, à
176 ; de 88 d'avoine, à 132 ; de 300 gerbées, à 54.

Houdetot, 1791. Gerbe de blé, 18 s.; de seigle, 16 ;
d'avoine, 9. Cent de pois, 24 l.; de vesce, 20. Boisseau
pommes, 15 s.

Motteville, au district de Caudebec-Yvetot, 1789.
Vente de 5,546 gerbes de blé, 4,159 l. 10 s.; de 203 de
seigle, 101 l. 10 s.; de 332 de trèfle, 66 l. 8 s.; de
82 de pois verts et dragée, 32 l. 2 s.; de 3,100 de pois,

1,116 l.; de 1,741 d'avoine et d'orge, 696 l. 8 s.; de 17 bottes de lin, 27 l. 4 s.; de 21 mines de rabette, 446 l.; de 218 boisseaux de pommes, 163 l. 10 s.; de 44 de poires, 26 l. 8 s.; de 153 l. de laine, 229 l. 10 s.

Sainte-Hélène, 1791. Cent de blé, 75 l.; de seigle et méteil, 50 l.; d'orge et avoine, 30 l.; de pois, vesce et trèfle, 20 et 22 l. Gerbe de blé, 18 s.; de seigle et méteil, 15; d'orge et avoine, 9. Boisseau de pommes, 18 et 15 s. Botte de lin, 30 s.

Sotteville-sur-Mer, 1790. Vente de 1,100 bottes de lin, 2,500 l.; de 400 bottes de chanvre, 400 l.; de pommes, à 15 s. le boisseau.

Thibermesnil, 1790. Mine d'avoine, de 5 l. 10 s. à 6 l.; de rabette, 10 l.

Tonneville, 1790. Vente de 2,000 gerbes de blé, 1,300 l.; de 100 de seigle, 60; de 12 d'orge, 6; de 600 d'avoine, 300; de 200 de pois, 48; de 30 de petits pois, 9; de 900 de vesce, 216 l.; de 59 de trèfle, 12 l.; — de 50 bottes de lin, 75 l.; — de 36 boisseaux de colza, 120 l.; — de 25 livres de laine, 24 l.; — d'agneaux, à raison de 2 l. par bête; — de 19 bois-seaux de poires, 225 l.

Tarif du prix commun du quintal, poids de marc, des grains de 1ʳᵉ qualité, établi sur les mercuriales des marchés pendant l'année 1790, en conformité de la loi du 2 thermidor de l'an III, pour l'établissement de la contribution foncière de la même année.

Froment, à Rouen, 11 l. 14 s. 2 d.; à Darnétal,

12 l. 5 s.; à Elbeuf, 10 l. 10 s.; à la Bouille, 8 l.; à Monville, 10 l.; à Clères, 10 l. 10 s.

Seigle, à Rouen, 7 l. 19 s. 3 d.; à Darnétal, 8 l. 5 s. à Elbeuf, 5 l. 10 s.; à Monville, 6 l.; à Clères, 5 l. 10 s.;

Orge, à Rouen, 7 l. 7 d.; à Darnétal, 6 l. 5 d.; à Elbeuf, 4 l. 10 d.; à Monville, 6 l.; à Clères, 5 l.

Avoine, à Rouen, 7 l. 18 s. 8 d.; à Darnétal, 10 l.; à Elbeuf, 7 l. 10 s.; à Monville, même prix ; à Clères , 6 l.

Extrait des Etats décadaires des grains et légumes vendus sur les marchés de la Seine-Inférieure. 3ᵐᵉ décade de fructidor an V (sept. 1797).— A Aumale, quintal de fr., 10 l. 16 s. 6 d.; de mét., 10 l. 8 s.; de mét. bis, 10 l. 7 s. 12 d.; de se., 10 l. 5 s. 16 d.; d'o., 10 l., 6 s.; d'av., 10 l. 7 s. 3 d.

1ʳᵉ *Décade de vendémiaire an V* (sept. 1796). *Ibidem,* quintal de fr., 11 l. 5 s. 6 d.; de mét., 10 l. 8 s. 4 d.; de mét. bis, 8 l. 10 s. 10 d.; d'o., 6 l. 5 s.; d'av., 5 l. 8 s. 8 d.

Etat ou mercuriales du prix des denrées ci-après désignées (bestiaux sur pied, pour les quatre quartiers seulement, déduction des cuirs, suifs et issues), an VI (1797).

A Rouen, quintal de bœuf, vache, veau, mouton, 30 l.; de porc, 45.

A Elbeuf, q. de bœuf, vache, veau, 35 l.; de mouton, 40; de porc, 50.

A Oissel, q. de bœuf, vache, 30 l.; de veau, 35; de mouton, 40; de porc, 41.15.

A Caudebec, q. de bœuf, vache, veau, mouton, 35 l.; de porc, 40.

A Fauville, q. de bœuf, 39; de vache, 38; de veau, 48.5; de mouton, 39.

A Duclair, q. de bœuf, vache, 32; de veau, mouton, 40; de porc, 35.

A Montivilliers, q. de bœuf, vache, veau, mouton, 40; de porc, 50.

A Fécamp, q. de bœuf, vache, 31; de veau, 31.10; de mouton, de porc, 40.

A Cany, q. de bœuf, 40; de vache, 42; de veau, 24; de mouton, 42; de porc, 40.

A Saint-Valery, q. de bœuf, de vache, de veau, 27.10; de mouton, 40; de porc, 35.

A Sassetot-le-Mauconduit, q. de bœuf, 32.10; de vache, 32.50; de veau, 25; de mouton, 35; de porc, 40.

A Dieppe, q. de bœuf, 27.50; de vache, 30; de veau, 35; de mouton, 40.

A Eu, mêmes prix.

A Envermeu, q. de bœuf, 27.50; de vache, veau, mouton, 30; de porc, 37.

A Auffay, q. de bœuf, vache, 36; de veau, 31; de mouton, de porc, 43.

A Anglesqueville, q. de bœuf, 36; de vache, 25; de veau, 31; de mouton, de porc, 30.

A Bacqueville, q. de bœuf, vache, 35; de veau, 31; de mouton, porc, 40.

A Neufchâtel, q. de bœuf, vache, 42; de veau, 26; de mouton, 41; de porc, 40.

A Saint-Saens, q. de bœuf, vache, veau, mouton, porc, 35 l.

A Gaillefontaine, q. de bœuf, 55 l.; de vache, 50 ; de veau, 35 ; de mouton, 70; de porc, 50.

A Aumale, mêmes prix.

A Blangy, q. de bœuf, vache, veau, mouton, 30; de porc, 40.

A Foucarmont, q. de bœuf, 30; de vache, 26 ; de veau, 22; de mouton, 30; de porc, 34.

A Londinières, q. de bœuf, 30; de vache, 30; de veau, 22; de mouton, 25; de porc, 26.

A Gournay, q. de bœuf, 30; de vache, 35; de veau, 15; de mouton, 35; de porc, 45.

A Buchy, q. de bœuf, 30; de vache, 40; de veau, 30; de mouton, 50; de porc, 42.10.

A Ry, mêmes prix.

A Argueil, q. de bœuf, de vache, 40; de veau, 20; de mouton, 45; de porc, 40.

A Forges, mêmes prix.

Prix de la livre de viande (au détail) en fructidor an VI (août-sept. 1798).

A Rouen, bœuf, vache, veau, mouton, 6 s.; porc, 9.

A Darnétal, tout à 9 s.

A Elbeuf, tout à 9 s., à l'exception du porc, à 10.

A Oissel, bœuf, vache, 7; veau, 8; mouton, 9; porc, 10.

A Cailly, bœuf, 9; vache, veau, 7; mouton, 10; porc, 9.

A Fauville, tout à 7, à l'exception du porc, à 8.

A Yvetot, bœuf, vache, 9; veau, 7; mouton, 9; porc, 10.

A Duclair, bœuf, vache, 6.6; veau, mouton, 8; porc, 10.

A Montivilliers, tout à 8, à l'exception du porc à 10.

Au Havre, bœuf, vache, 7; veau, 6; mouton, 9; porc, 10.

A Harfleur, tout à 8, à l'exception du porc, à 10.

A Saint-Romain, bœuf, vache, veau, 7; mouton, porc, 9.

A Goderville, bœuf, vache, 8; veau, 7; mouton, 8, porc, 9.

A Fécamp, bœuf, vache, veau, 7.9; mouton, 8; porc, 9.

A Gonneville, bœuf, vache, 9; veau, 7.9; mouton, 8; porc, 10.

A Cany, bœuf, vache, 8; veau, 6; mouton, porc, 8.

A Saint-Valery, bœuf, vache, veau, 7; mouton, 9; porc, 8.

A Fontaine-le-Dun, bœuf, 7.8; vache, 6; veau, 7.8; mouton, 7; porc, 8.

A Sassetot-le-Mauconduit, bœuf, vache, 7; veau, 6; mouton, 8; porc, 9.

A Dieppe, bœuf, 5.6; vache, veau, mouton, 6; porc, 6.6.

A Envermeu, bœuf, 5.6; vache, veau, mouton, 7; porc, 6.

A Auffay, bœuf, 8; vache, 7; veau, mouton, porc, 9.

A Anglesqueville, bœuf, 8; vache, 7; veau, 9; mouton, porc, 8.

A Bacqueville, bœuf, vache, 7; veau, 6; porc, 8.

A Neufchâtel, bœuf, vache, 7; veau, 6; mouton, 9; porc, 8.

A Saint-Saens, tout à 8, à l'exception du veau, à 7.

A Gaillefontaine, bœuf, 10; vache, 9; veau, 7; mouton, 11; porc, 10.

A Aumale, bœuf, 10; vache, veau, mouton, 6; porc, 8.

A Blangy, tout à 6, à l'exception du porc, à 8.

A Foucarmont, mêmes prix.

A Londinières, bœuf, 6; vache, 8; veau, 6; mouton, porc, 8.

A Gournay, bœuf, 6; veau, vache, mouton, 8; porc, 9.

A Buchy, bœuf, 6; vache, 8; veau, 6; mouton, 10; porc, 8.6.

A Ry, bœuf, 8.6; vache, 7; veau, 6.6; mouton, 8.6; porc, 9.

A Argueil, tout à 8.

A la Feuillie, tout à 8, à l'exception du veau, à 7 (1).

BAUX

« Un des plus grands obstacles à l'agriculture est la brièveté des baux à ferme. Elle provient des lois qui ne permettent pas aux propriétaires de les fixer à un terme plus long que celui de 9 ans, sans être exposés à des droits d'aliénation. » 1788. *Procès-verbal des séances du département de Montivilliers* (C. 2160).

On demande, non pas de prescrire, mais d'autoriser

---

(1) Dans le canton de Criquetot, 28 nivôse an IV, on note que « la boucherie était si modique, qu'on ne pouvait établir aucun prix pour les viandes en détail ».

la prolongation des baux. *Assemblée administra-tive du département, novembre, décembre 1790*, p. 315 (1).

BIENS COMMUNAUX

L'Assemblée provinciale de la haute Normandie porta son attention sur les biens communaux, 1787 (C. 2111).

L'Assemblée du département de Caudebec se montra défavorable à cette sorte de biens, dont les riches seuls profitaient, 1788 (C. 2157).

L'Assemblée du département de Neufchâtel réclama leur partage. Elle portait leur contenance, dans son territoire, à 600 acres environ, 1789.

Même réclamation de la part de l'Assemblée du département de Pont-Audemer, 1788 (C. 2147).

L'Assemblée du département de Rouen, au contraire, émit un avis défavorable au partage, oct. 1788 (C. 2185).

A son tour, l'Assemblée administrative du département, en novembre et décembre 1790, s'occupa des biens communaux. Voici en quels termes il en est question dans les rapports imprimés :

P. 243. « Depuis quelques années, on s'est particu-lièrement occupé de tout ce qui a trait aux communes, de leur origine, des avantages et des désavantages

(1) Voir dans les *Délibérations et Mémoires* de la Société royale d'Agriculture de la Généralité de Rouen, t. 1, p. 117, un mémoire de M. Dailly « sur les inconvénients de la courte durée des baux des biens de la campagne et sur les moyens d'y remédier. »

qu'elles procurent; Vos prédécesseurs dans l'Administration, les membres de l'Assemblée provinciale de haute Normandie ont pris cet objet en considération dans leur session de 1787, et le mémoire inséré dans leur procès-verbal contient des preuves suffisantes pour démontrer la nécessité, non seulement de défricher, mais encore de partager les communes.

« Arrêté que la discussion sur le partage des communes est ajournée à l'année prochaine, et que, cependant, le mémoire sera imprimé et envoyé à tous les districts pour qu'ils le fassent parvenir aux municipalités intéressées, qui feront telles réponses et observations qu'elles jugeront convenables.

« Arrêté aussi que chacun de MM. les administrateurs se procurera, pour l'année prochaine, tous les renseignements et connaissances locales propres à éclairer le Conseil général sur cette partie importante de l'Administration.

« Que, cependant, le Directoire est chargé de continuer de prendre tous les renseignements nécessaires, tant sur le nombre des communes, leur situation et leur avantage, que sur les moyens de les améliorer ou d'en procurer un meilleur usage. »

P. 313. « Quelques-uns ont opiné pour le partage des communes entre tous les propriétaires de la paroisse dont dépend la commune. Ce projet est bon pour faire des défrichements; mais il détruirait des herbages, qu'il est intéressant de conserver dans ce département, où il n'y en a point assez. Pour tirer un bon parti des communes et les faire servir utilement à l'amélioration des élèves, il faudrait les faire enclore de fossés et

ensuite les affermer, par bail de 9 à 18 ans, à des cultivateurs qui seraient tenus de les entretenir en herbage.
Le prix du fermage serait partagé entre tous les propriétaires. »

*Lettre adressée à MM. du département de Monti-
villiers par les députés composant la Commission
intermédiaire (Rouen, 25 sept. 1788).*

« Les communes sont, en général, ou des bruyères
arides, qui fournissent peu de pâture à proportion de
leur étendue, ou des marais, dans lesquels les eaux
stagnent, dont le sol est dégradé par le pied des bestiaux, et qui dégrade lui-même, par les vapeurs qu'il
exhale et par la mauvaise nourriture qu'il fournit, les
animaux qu'on y abandonne ; ou des fonds sains et
fertiles, mais absolument détériorés par la mauvaise
administration des propriétaires, qui, pour en tirer à
l'envi l'un de l'autre un plus grand parti, les détruisent
en les surchargeant de bestiaux. Les communes ne
remplissent pas, à beaucoup près, l'objet apparent
d'utilité qu'on leur suppose. Il semble qu'il y auroit
beaucoup à gagner, en intéressant chaque propriétaire
à améliorer et féconder la part qu'il en retireroit divi-
sément.

« La grande objection réside dans la manière dont
se feroit le partage, parce que, si on partageoit à raison
des propriétés au pied perche, les riches auroient
presque tout et les pauvres rien ; et si on partageoit par
feux ou têtes de chefs de famille, on attenteroit au
droit, assez généralement reconnu, des propriétaires.

« Il existe cependant un parti mitoyen qui peut concilier les deux intérêts : il consiste à diviser chaque commune en deux portions, dont une est divisée par feux ou têtes de chefs de famille, et l'autre au pied perche des propriétés. Par là, les pauvres ont chacun une part dans la première portion divisée par feux, et les propriétaires, outre leur part par feu dans cette première portion, celle qui leur revient dans la seconde divisée au pied perche.

« C'est ainsi que le partage a été autorisé dans la Haute-Garonne; c'est encore ainsi qu'il a été ordonné, en cette province même, pour la paroisse du Ham, par arrêt du Conseil rendu l'année dernière.

« Nous vous prions, Messieurs, de soumettre à votre prochaine assemblée cet important objet de délibération et d'en préparer même la discussion par votre travail particulier.

« La matière se réduit aux trois points suivants :

« 1° Existe-t-il beaucoup de communes dans votre département, et quelle en est la nature et l'utilité réelle dans leur état actuel?

« 2° Croyez-vous qu'il soit préférable, pour le bien public ou pour l'avantage particulier de votre département, de les laisser en état de jouissance indivise, au lieu de les faire entrer par partage dans la masse des propriétés privées et exclusives?

« 3° Quel seroit le mode de partage qui vous paroîtroit le plus convenable? » (C. 2161.)

CHIRURGIE

1789. « Il existe, dans quelques endroits de la campagne, des chirurgiens qui n'en ont que le nom.... Il leur suffit de savoir faire une saignée pour se croire capables d'exercer la chirurgie. » *Procès-verbal de l'Assemblée du département de Neufchâtel.*

CULTURES

Ancourt : dîme sur 600 acres de terres en labour, et sur environ 50 masures, la plupart sans arbres, 1728 (G. 5557).

Auberville-le-Manuel : 350 acres de terres dîmables ; dîme évaluée à 50 sous l'acre, 1755 (G. 5579).

Auberville-sur-Eaolme (aujourd'hui h. d'Envermeu) : 200 acres de terres labourables, dont 80 environ pourraient être louées 9 à 10 l. l'acre, 1758 (G. 5557).

Bellencombre : terrain en bois taillis et de haute futaie ; il ne reste que 20 acres de mauvaise terre en côteaux et closages payant dîme, 1729 (G. 5565).

Bertheauville (arr. d'Yvetot) : 300 acres de terre labourable, 1728 (G. 5579).

Biville-le-Martel : la paroisse a 800 acres de terre, dont il y en a 200 en bois ; côtes et joncs marins, 1728 (G. 5580).

Bois-Guilbert : dîme évaluée pour moitié à 7 ou 800 gerbes, 1729 (G. 5574).

Bondeville-sur-Fécamp : 540 acres de terre en masures et terres labourables, 1728 (G. 5579).

Boos : à Boos la misère et la débauche sont venues depuis qu'on a abandonné l'agriculture pour les toileries. Il y a 40 ans, il n'y avait qu'un cabaret à Boos. Il y a maintenant 3 auberges et 12 cabarets, 1788 (C. 2212).

Bosc-Bordel : on y récolte, année commune, de 1,500 à 1,800 de blé, champart ou méteil, 1728 (G. 5574).

Canouville : 500 acres de terre labourable, 1729 (G. 5579).

Caule (Le) : dîme des moutons sur 400 bêtes environ, 1729 (G. 5561).

Claville (arr. d'Yvetot) : 245 acres de terre, tant en labours que joncs marins, 1729 (G. 5579).

Esteville : 8 charrues, 32 chevaux, 40 vaches et bœufs, 220 moutons, 300 acres de terre labourable, 40 acres de masure, 1 acre de bois, 1788. Chevauchée par le doyen de l'Election (C. 2193).

Gerponville : 450 acres de terre produisant au curé 1,500 gerbes de blé, méteil et froment, 600 gerbes d'avoine, 80 gerbes d'orge, 600 de pois et vesce, 40 bottes de lin, 3 mines de rabette; en laines et agneaux, 20 l.; 60 boisseaux de pommes et poires; 1 carteron de fagots, 1 demi-cent de joncs marins, 1728 (G. 5579).

Gouy : On note que la dîme des cerises se borne à 15 ou 20 *corbellons*, parce que les cerisiers périrent dans le grand hiver de 1709, 1728. — « La paroisse de Gouy étoit autrefois très féconde en cerisiers ; mais il n'y en a presque plus aujourd'hui, parce qu'il passe pour proverbe parmi les laboureurs qu'on ne peut

4

replanter les cerisiers dans les endroits où il y en a
eu », 1750 (G. 5571).

Intraville : « La plupart des propriétaires ont négligé
leurs plants et vendus leurs biens », 1747 (G. 5558).

Loiselière : 300 acres de terre, tant en cour qu'en
labourage, 1729 (G. 5578).

Malleville-les-Grès (St-Michel de) : 450 acres de terre,
tant labourables que masures, 1729 (G. 5580).

Mathonville : masures très mal plantées. On y fait à
présent peu de cidre et de poiré. Terre ingrate, légère
et infructueuse. Les biens y sont loués à bon marché,
et n'y ont pas augmenté comme ailleurs, 1728 (G.
5575).

Mautheville-sur-Durdan : il y a, dans la paroisse, 300
acres de terre, dont plus de 150 en coteaux, bois taillis,
joncs marins, 1729 (G. 5580).

Parc-d'Anxtot : tiers de la dîme rapportant au curé
800 gerbes de blé, 40 gerbes de seigle, 900 gerbes
d'avoine, 500 gerbes d'orge, 200 de pois, 100 de vesce,
1728 (G. 5578).

Pommeraye (la) (aujourd'hui h. de Morgny) : 100
acres de terre labourable à dîmer ; un tiers planté
depuis 7 à 8 ans en hautes futaies, 1756 (G. 5576).

Prétot (aujourd'hui Prétot-Vicquemare) : 250 acres
de terre labourable, que le curé estime à 40 s. l'acre de
dîme ; dîme d'un seul troupeau, 12 livres ; dîme des
pommes et poires, 10 l. ; la paroisse n'est point bien
plantée, et il y a des masures où il ne se voit que 2 pommiers, 1728 (G. 5554).

Remuée (Notre-Dame de La) : 950 acres de terre,
tant en masures que terres labourables, 1729 (G. 5578).

Ricarville (arr. de Dieppe) : dans la dîme, 30 gerbes de secourgeon, qui servent à nourrir la volaille, 1728 (G. 5558).

St-Martin-du-Vivier : le curé se plaint du sieur Belhomme. « Il nous a enlevé nos communes et nos pâturages. Il a fait planter de bois taillis un grand nombre de terres labourables, » 1751 (G. 5556).

St-Martin-le-Gaillard : 1,200 acres de terres labourables, 1728 (G. 5559).

St-Nicolas-d'Aliermont : pommé et poiré d'une couleur et d'un goût qui les font rejeter des marchands, 1728 (G. 5558).

Saint-Ouen-sous-Bailly : la paroisse n'est presque pas plantée ; on n'y fait pas de lins, 1757 (G. 5558).

St-Ouen-sous-Bellencombre (aujourd'hui h. de La Crique) : 200 acres de terre labourable, y compris les novales, 1728 (G. 5566).

Theuville-aux-Maillots : grand nombre d'acres, qui se labouraient autrefois, et produisaient des fruits décimables, sont maintenant couvertes d'arbres de haute futaie et employées en avenues qui ne produisent que de l'herbe et de la mousse, 1768 (G. 5580).

Thiétreville : 700 acres de terre labourable, 1718 (G. 5580).

Vattecrit (aujourd'hui h. de Colleville) : environ 160 acres de terre, tant en labour qu'en côtes et bois taillis, 1728 (G. 5580).

Vénesville : dans la paroisse, tant en labour qu'en masures, 250 acres de terre, 1729 (G. 5580).

Vinemerville : 600 acres de terres dîmables, vers 1750 (G. 5580).

Virville : 400 acres en cours, métairies, terres labourables, pouvant produire de dîmes 400 gerbes de blé, de
1,000 à 1,200 gerbes d'avoine, 1,000 gerbes de pois et
vesce, 1729 (G. 5578).

Ypreville : de 1,000 à 1,100 acres de terres labourables ou en masures, 1728 (G. 5580).

Tableau des apparences de récoltes dans la Généralité de Rouen, 1773.

Élection de Rouen. — Il n'y a, dans cette Élection,
d'autres productions que les grains et les cidres. Les
grains seraient un objet de ressource, mais le pays ne
produit pas pour sa consommation, et, cette année, il
sera entièrement privé de cidre.

Caudebec. Les fromens, les méteils et les avoines
pourront faire, cette année, un objet de ressource dans
cette Élection. Mais l'abondance n'excède pas beaucoup
la consommation du pays.

Montivilliers. Il n'y a que les fromens et les méteils
qui puissent faire un objet de ressource. L'orge et
l'avoine ont été d'un très faible produit, et la disette
des menus grains fera souffrir les habitans.

Arques. Les bois pourront faire un objet de ressource, mais la disette de boissons rendra le peuple
malheureux.

Eu. Cette Élection n'a d'autre ressource, cette
année, que dans les grains. Les chanvres ont manqué.

Neufchâtel. Cette Élection ordinairement n'a de
ressource que dans les cidres, et elle manque cette
année. Le beurre et le fromage ne compenseront pas la

disette des boissons par le haut prix où elles seront. »
15 septembre 1773 (1).

Culture dans le département de Montivilliers, au temps de l'Assemblée provinciale de la Haute-Normandie.

« Les terres du département sont, en général, médiocres, particulièrement le long de la mer ; mais elles
sont, généralement, aussi bien cultivées qu'elles peuvent
l'être. L'agriculture n'y est donc guères susceptible
d'autre amélioration que de celle qui pourroit résulter
d'une augmentation d'engrais, ou d'un nouvel art dans
la manière de cultiver la terre. Mais on y est affligé
d'un fléau destructeur, dont on remarque avec douleur
l'augmentation depuis 7 à 8 ans. C'est celui d'insectes
connus, dans le canton, sous le nom de mans, qui dé-
vorent les grains et font aux laboureurs des torts inap-
préciables.

« Les terres sont, en général, louées à ferme. Les
bonnes produisent environ 150 gerbes l'acre, 7 à 8
gerbes au boisseau, lorsque le blé est grenu, ce qui
arrive assez rarement. Les petites fermes sont louées
un peu plus cher que les grandes ; mais le propriétaire
y a plus de charges, et il ne paroît pas juste de les
taxer à la taille et aux vingtièmes sur le prix de la
location.

(1) C. 112. États par Élections ou Subdélégations des apparences
des récoltes, des légumes, fourrages, vins et fruits, suivis d'observations générales sur ce qui reste des précédentes récoltes, sur l'état
actuel des bestiaux, sur les causes contraires au succès des récoltes,
1771-1789. C. 112.

« La récolte dernière (1787) en bled, ainsi qu'en lin, trèfle et menus grains, a été généralement bonne ; mais les pommes ont totalement manqué dans toute l'Élection, ce qui gêne beaucoup de laboureurs et tous les gens de la campagne pour leur boisson.

« En général, la récolte des grains se fait difficilement et trop tard dans le département de Montivilliers, ce qui est occasionné par la rareté d'ouvriers nécessaires. Presque toutes les paroisses de ce département sont sujettes à la garde-côte. Outre cela, on y a fait, en 1778, un tirage de matelots qui donna l'alarme dans le pays, et en a fait fuir beaucoup de jeunes gens qui y auroient été nécessaires. A peine est-il revenu un sixième de ceux qui avoient tombé au sort pour la marine. On annonce un pareil tirage pour le printemps prochain. S'il a lieu, il n'est pas douteux que le pays souffrira encore une nouvelle dépopulation qui rendra de plus en plus difficile les travaux de la moisson. On ne peut trop insister sur cet article afin que le département soit dispensé, s'il est possible, de fournir au tirage des matelots, canonniers auxiliaires ou sous toute autre dénomination, qui tendroit à priver le pays d'une espèce d'hommes dont il a déjà trop peu, et qui lui sont si essentiels. » Sept. 1788 (C. 2161) (1).

(1) « L'Élection de Montivilliers, dans les années ordinaires, n'a de grains de toute espèce que pour nourrir pendant 10 mois ses habitans. Il n'y a personne qui fasse usage de gros blés noirs ou d'Espagne. Les pauvres habitans se nourrissent de seigle et d'orge. Ils souffriront beaucoup, cette année (1771), par le peu de seigle qu'on a récolté. » (C. 112).

Procès-verbal des séances du département de Montivilliers.

Rapport sur l'agriculture, 1789. — « La terre est divisée par tiers, un en blé, le second en avoine, et le dernier en trèfle, orge, lin et terre en repos. On fait peu d'orge, et la culture du lin est bornée à la 12e partie des terres des fermiers. Le blé rend environ 150 gerbes à l'acre, et la gerbe donne un 7e ou 8e de boisseau dans les bonnes années. » (C. 2160)

État général des cultures dans le département de la Seine-Inférieure an VIII (1800).

La totalité des terres en labour dans le département de la Seine-Inférieure est portée à 342,242 hectares, dont 133,039 en bon fonds ; 106,111 en médiocre ; 103,192 en mauvais.

Terres et masures, 58,398 hectares, dont 22,909 en bon fonds ; 18,190 en médiocre ; 17,299 en mauvais.

Terres en prairies, 16,165 hectares, dont 5,224 en bon fonds ; 6,320 en médiocre ; 4,621 en mauvais.

Bois, 60,356 hectares, dont 19,458 en bon fonds ; 22,701 en médiocre ; 18,107 en mauvais.

Terres vagues, landes et bruyères, 7,547 hectares. Mais on fait remarquer que ce dernier chiffre manque d'exactitude parce qu'on n'avait point reçu de réponses de plusieurs cantons. *(Administration centrale du département de la Seine-Inférieure, du 1er brumaire an IV au 28 pluviôse an VIII.)*

Blé

*Insuffisance de la production en blé dans le
département.*

« Le département de la Seine-Inférieure n'est point
un pays à bled. Les districts de Neufchâtel et de
Gournay sont couverts de bois et de pâturages.

« Celui de Rouen et partie celui de Caudebec ont
plus de bois, de sables et de prairies que de terres en
labour.

« Celui de Montivilliers produit autant d'avoine que
de bled.

« Il n'y a donc guères que les districts de Cany et
de Dieppe qui fournissent réellement du bled. Encore ce
dernier a-t-il des forêts et de mauvaises terres qui
couvrent une partie de son territoire.

« D'un autre côté, la population indigène est immense.
Elle est accrue par le grand nombre d'étrangers que
nos manufactures et notre marine nous attirent ; et si
l'on ajoute à cette considération celle des embarque-
ments qui se font par nos six ports, on en concluera
facilement que notre consommation est totalement
disproportionnée à nos récoltes habituelles.

« Le département ne peut donc jamais se suffire à
lui-même. Il a constamment besoin de ses voisins ; et
certes le plus grand malheur qui pût lui arriver seroit
la propagation de ce sentiment d'égoïsme qui, portant
chacun à s'isoler, laisseroit penser que les grains
doivent être consommés sur le sol qui les a vu croître.
Si telle devenoit l'opinion générale, ce seroit au gouver-

nement à suppléer annuellement au déficit du départ-
tement. Nous n'hésitons pas à prononcer qu'il seroit
immense. » *(Rapport des travaux du département
de la Seine-Inférieure depuis le 15 décembre 1791
jusqu'au renouvellement en novembre 1792.* (Imprimé.) Même constatation dans le *Compte-rendu de
l'administration centrale du département de la
Seine-Inférieure, du 1ᵉʳ brumaire an IV au 28 pluviôse an VIII* (23 oct. 1795-17 fév. 1800), p. 238.

« Il faut avoir le courage de le dire, quelle munifi-
cence eût pu animer le zèle des cultivateurs dans un
temps où les réquisitions et les mesures révolutionnaires
avoient anéanti jusqu'au germe de l'esprit public ?

« Le département de la Seine-Inférieure ne récolte
pas dans la proportion de ses besoins, et il n'a pas moins
fallu que le courage de ses habitans et les secours du
gouvernement lui-même, pour maintenir la tranquillité
publique. »

*Lettre du département au Directoire exécutif,
16 ventôse an IV* (6 mars 1796).

« Nous vous avons adressé, le 28 pluviôse dernier,
un mémoire ayant pour objet d'obtenir des secours en
grains.

« Nous avons établi, avec une évidence qui est restée
sans contradiction, que ce département, composé en
majeure partie de forêts, bois, rivières, prairies,
marais et sables, ne récoltoit que pour six mois au plus
de nourriture (1). »

(1) L'Amérique fournissait des blés qui suppléaient à l'insuffisance
de la production de la France. Voir Arrêt du Conseil d'État pour

Tableau du nombre d'hectares de terres cultivées dans les cinq arrondissements de la Seine-Inférieure, en blé, avoine, vesce, pois, lin et colza.

Arr.	Blé.	Avoine.	Vesce.	Pois, fourr.	Lin.	Colza.
Le Havre...	19.197	17.340	1.044	3.080	2.850	53
Yvetot......	39.372	19.880	8.186	5.005	2.187	843
Dieppe.....	21.043	12.525	5.245	2.464	890	373
Neufchâtel..	21.950	21.112	4.778	2.883	127	2
Rouen......	11.375	7.257	3.085	1.338	65	27
Totaux..	112.937	78.114	22.338	14.770	6.119	1.298

« On n'a point parlé, dans ce tableau, du nombre d'hectares employés à la culture du chanvre. Nous observerons seulement ici que cette plante est cultivée particulièrement dans l'arr. de Dieppe, où elle sert à la fabrication des filets pour les pêches pélagiennes. »

Recensement des grains 5 brumaire an III
(26 oct. 1794).

District de Brutusvilliers. Population, 100,213. Froment, 278,996 quintaux ; seigle, 17,599 ; méteil, 2,504 ; orge, 14,809 ; avoine, 184,492.

l'importation des blés des ports d'Europe ; — des blés d'Amérique, 1789 (C. 2053). La suppression des barrières intérieures contribua aussi puissamment à mettre notre département à l'abri de la disette. — *Assemblée administrative du dép.*, nov., déc. *1790* : « Il était réservé à l'Assemblée nationale de réaliser ce projet si célèbre du reculement des barrières aux frontières de l'Empire. Par là les droits de traites deviennent les mêmes pour tous les départements ; par là les marchandises se transportent librement dans l'intérieur, d'une extrémité de la France à l'autre. Quel plus vaste bienfait que cet affranchissement, dans la circulation, des vérifications et visites, et ce concours uniforme de toutes les provinces aux progrès des arts, substitué à un régime qui les rendait étrangères les unes aux autres ? »

*Tableau énumératif des acres de terre ensemen-
cées en grains, légumes, fourrages et autres
productions qui sont l'objet de la culture rurale
dans l'étendue du département de la Seine-Inférieure; ledit tableau dressé en exécution de
l'arrêté du représentant du peuple Siblot, du
27 prairial an II de la République* (15 juin 1794).

445,224 acres 39 perches 1/4 : en blé, 167,227 acres
85 perches ; en méteil, 17,937 a. 18 p. ; en seigle,
16,695 a. 56 p. 1/2; en orge, paumelle ou baillarge,
10,212 a. 118 p. ; en maïs ou blé de Turquie ou d'Espagne, 39 a. 22 p. ; en sarrasin, 1,177 a. 26 p. ; en
pommes de terre, 1,377 a. 58 p. 1/4 ; en haricots ou
fèves blanches, 1,366 a. 78 p. ; en fèves de marais,
240 a. 38 p. ; en lentilles, 82 a. 99 p. ; en navets, 152 a.
141 p. ; en avoine, 115,665 a. 59 p. 1/2 ; en foin,
17,489 a. 79 p. ; en trèfle, 21,924 a. 70 p. ; en luzerne,
992 a. 26 p. 1/2; en sainfoin, 1,843 a. 90 p. ; en bour-
gogne, 1,266 a. 131 p. ; en pois, 21,876 a. 126 p. ; en
vesce, 33,169 a. 101 p. 1/2; en lentilles (?) (1), 1,254 a.
72 p.; en colza, 1,931 a. 38 p.; en rabette, 1,179 a.
4 p ; en lin, 9,066 a. 54 p. ; en chanvre, 1,076 a. 48 p.
(Transmis le 22 fructidor an II à la Commission de commerce et d'approvisionnement de la République).

État des terres ensemencées en ventôse an IV
(fév.-mars 1796).

District de Rouen. — Canton de Cailly. On fait ici
3 saisons, c'est-à-dire que l'on ensemence un tiers des

(1) Il y a erreur: les lentilles sont portées plus haut pour 82 acres.

terres en blé et seigle ; un tiers en pois gris, vesce et avoine ; l'autre tiers reste en jachère. On fait peu d'orge dans le canton. — Canton de Buchy. Terres non ensemencées, 71 acres 1/2. — Canton de Duclair. Pas de terre non ensemencée. — Canton de Fréville. Terres non ensemencées, 48 acres 1/2. — Canton de St-Jean-du-Cardonnay. Id., 2 acres 1/2. — Canton de Montville. Id., 9 acres. — Canton de Pavilly. Pas de terre non ensemencée.

District de Neufchâtel. — Terres non ensemencées dans le canton d'Argueil, 3 acres et demie ; d'Aumale, 32 ; de Blangy, 0 ; de la Feuillie, 14 ; de Forges, 0 ; de Foucarmont, 12 ; de Gaillefontaine, 91 ; de Gournay, 20 acres 75 perches ; de Grandcourt, 15 a. ; de Londinières, 8 acres 31 vergées ; de Ménerval, 17 a.; de Neufchâtel, 67 a. ; de St-Saëns, 0.

On voit qu'on essaya de naturaliser dans la Seine-Inférieure une espèce de blé à épi roux, grain blanc. *(Administration centrale du département, du 1ᵉʳ brumaire an IV au 28 pluviôse an VIII.)* L'usage de la faux pour le sciage des blés, des moyettes pour garantir de la pluie les blés récoltés, des meules pour les conserver, était pratiqué et vivement recommandé par la Société d'agriculture de Rouen (1765-1787) (1).

Lettre de l'Intendant au Contrôleur général, 27 juin 1785, au sujet de l'exportation des graines de colza, de lin, d'œillette et autres propres à la fabrication des huiles.

« Il seroit absolument inutile, M....., de rendre

(1) Voir les *Délibérations* et *Mémoires* de cette Société.

une ordonnance (pour défendre l'exportation) dans la Généralité de Rouen. Le colza et l'œillette y sont à peine connus. Le lin ne s'y cultive que pour le besoin des manufactures, et la graine n'y est convertie en huile que lorsqu'elle dégénère ou que la quantité qui s'en récolte excède les besoins de la Généralité. »

La culture de la garance, tentée par MM. Rondeaux et Dambourney, préoccupa l'administration, mais ne paraît pas avoir jamais pris un grand développement (1).

Culture du lin. — Département de Montivilliers.

« Le lin est une des cultures intéressantes du département. C'est la seule production qui fournisse habituellement un fonds d'exportation vers Bayonne. Il se répand un bruit qu'il est question d'en prohiber la sortie, ou de l'imposer fortement pour conserver cette matière première à la main-d'œuvre du païs. Cette vue est louable, mais les intentions du gouvernement seroient trompées : il ne résulteroit de cette loi d'autre effet que de faire tomber cette culture, qui a grand besoin, au contraire, d'ètre encouragée et favorisée, parce qu'elle est sujette à beaucoup d'événements et d'accidents ; que c'est une plante délicate, dont le succès ne répond que rarement aux soins du cultivateur, qui ne manqueroit pas de l'abandonner, pour peu qu'on en gènât le débouché » 1788 (2). (C. 2161.)

(1) Voir *Délibérations* et *Mémoires* de la Société royale d'agriculture, t. 1er, 1762 ; — Arch. de la S.-Inf., C. 1118, et C. 2120. « Mémoire sur la culture de la garance introduite en France, par M. Hoffmann, statmaistre d'Haguenau. »

(2) Voir *Mémoire sur la culture du lin*, 1787, C. 2111. — « A l'Assemblée de Caudebec, on signalait l'importance qu'il y avait à

Culture de la pomme de terre.

Dès le 12 décembre 1770, le chevalier Mustel écrivait à l'Intendant de la Généralité de Rouen :

« Puisque M. le Contrôleur général a bien voulu faire attention à ma demande ou plutôt à celle que je fais pour le bien public, je ne peux que bien augurer des suittes, puisque c'est vous, Monsieur, qui allés les diriger, et que tout dépend actuellement du rapport que vous allez faire. Vous avés déjà pris sous votre protection la culture des pommes de terre et son autheur, et vous m'avez fait l'honneur de me dire que vous lui auriés donné toute l'étendue et les secours nécessaires pour l'accélérer et la faire réussir dans la province, si cela eust dépendu totalement de vous. Je vois mes vœux remplis à ce sujet, puisqu'ils vous sont renvoyés, Monsieur, et ils le seront entièrement, si vostre bienfaisance détermine le ministre à accorder une somme suffisante pour pouvoir travailler, de manière que l'on fust en état de distribuer gratis, ou au moins à très bas prix, une quantité suffisante de semence pour fournir à tous les cultivateurs qui en demandent ; et, d'après une pareille distribution, j'ose répondre que cette culture se fortifiera d'elle-mesme par la suitte. »

« Rouen, 12 décembre.   MUSTEL. »

La réponse de l'Intendant, absente du dossier, était du 28 déc. 1770,

favoriser la culture du lin, parce que la filature de coton n'offrait plus les mêmes ressources, et n'en oífrirait même pas du tout, si on introduisait les machines anglaises, qui suppléaient au grand nombre de bras et les rendaient inutiles. » (C. 2156. Voir aussi C. 2173.)

On voit en effet en tête de la lettre, de la main du Secrétaire de l'Intendant :

R., le 28 décembre 1770.

Autre lettre de Mustel à l'Intendant, datée de Rouen, faubourg St-Sever, 1779.

« J'ay sçu qu'un M. Parmentier sonne le tocsin à Paris pour se dire le seul, l'unique auteur du pain de pommes de terre, et cela, dit-il, parce qu'il fait du pain avec la pomme de terre sans farine. Cet homme m'a écrit annuellement depuis dix ans pour me demander différents éclaircissements sur mes opérations. Je luy ay mandé que j'avois fait du pain de pommes de terre avec et sans mixtion de farine, que l'un a été trouvé très bon, et l'autre, purement de pommes de terre, insipide et pâteux, tel que celuy que M. Parmentier nous envoie icy, quoy qu'il l'ait relevé par le sel. Cet homme me met donc dans la nécessité de le juger de mauvaise foy et de le regarder comme un intrigant qui veut s'approprier mon travail et surprendre le gouvernement pour en tirer quelque avantage. On sçait combien j'ay travaillé à ce sujet et tout le zèle que j'y ai mis. Il le sçait mieux qu'un aultre, puisque je luy ay communiqué des détails particuliers dont il profite aujourd'huy. »

*Séance de l'Assemblée du département de Rouen,
octobre 1788.* — Lecture d'un mémoire sur diverses
manipulations utiles de la pomme de terre, et notamment sur sa propriété d'être convertie en amidon.

*Extrait du rapport des travaux du département,
du mois de novembre 1792 au 1ᵉʳ brumaire an IV*
(23 oct. 1795). — « La disette nous a fait connaître
les grands avantages que l'on peut retirer de la pomme
de terre ; nous avons cherché à les étendre.

« Nous avons remarqué, dans les années précédentes,
que ce précieux légume n'étoit ordinairement récolté
qu'à la fin de vendémiaire ; qu'il vient un peu tard, et
qu'il seroit encore plus utile, si on pouvoit en accélérer
la maturité et le recueillir pendant le cours de messidor, ou même plus tôt, dans le moment où les grains
de la précédente récolte peuvent devenir rares, et où ceux
de la nouvelle ne sont pas récoltés, engrangés ou battus ;
dans un moment enfin où les travaux de la moisson et
des semailles empêchent quelquefois de garnir suffisamment les marchés.

« On a cherché à se procurer des pommes de terre
hâtives à Saint-Valery-sur-Somme et à Lille. »

Pour l'histoire de la culture dans ce pays consulter
le Mémoire de M. Jore (1763), intitulé : *Mémoire de
la culture des terres en labour sans jachères*, d'après
une pratique suivie avec succès depuis 50 à 60 années
dans une grande partie du pays de Caux.

« L'étendue du pays où l'on cultive sans jachères en

cette Généralité, est présentement de 10 à 12 lieues de
longueur, depuis l'embouchure de la Seine, le long de
la mer en allant vers Dieppe, et de 7 à 8 lieues en lar-
geur du côté de Rouen. Il y a près de 60 années que
ce genre de culture commença dans cette partie du
pays de Caux par l'industrie d'un laboureur dont
l'exemple encouragea ses voisins ; cette méthode s'est
toujours accréditée de proche en proche... »

Ce fut à cette époque que l'on commença à substituer
le trèfle à fleurs rouges au trèfle à fleurs blanches.

Plusieurs années après, la Société d'agriculture s'ap-
pliquait à introduire dans le Vexin normand le système
suivi dans le pays de Caux (*Mémoires de cette Société*,
t. III, p. 72).

Vers le même temps, on fit des essais de ray-grass
aux environs de Rouen.

L'assemblée administrative du département de Rouen,
nov. et déc. 1780, sentit l'utilité de multiplier les
prairies artificielles, et, dans ce but, elle voulut qu'on
accordât des primes à ceux qui réussiraient le mieux.

La culture des arbres à fruits prit aussi un grand développement vers la fin du xviiie siècle, et, du pays de
Bray, elle se répandit en Picardie. C'est ce qu'on voit
par une lettre de l'Intendant M. de la Bourdonnaye à
M. de Fulvy, contre le projet de défendre l'exportation
des cidres et poirés en dehors de la Généralité de Rouen.
Il lui marque « que l'exportation n'avait lieu que des
Élections de Pont-l'Évêque et de Neufchâtel ; — que
les cidres de Pont-l'Évêque servaient principalement à
la consommation de Rouen, et que l'on en faisait beaucoup d'eau-de-vie ; — qu'on avait planté beaucoup de

pommiers en Picardie depuis 30 ans ; — que cette province, qui autrefois tiroit régulièrement une grande quantité de cidres de l'Élection de Neufchâtel n'en tiroit plus du tout dans les bonnes années. » (C. 597.)

De nouvelles espèces d'arbres furent introduites dans notre pays dans les années qui précédèrent la Révolution.

En 1762, M. Rondeaux avait publié un mémoire tendant à établir que les bords de la Seine étaient très propres à la plantation des pins résineux.

Le tulipier fut introduit par M. Toustain de Limésy dès 1778.

(Voir dans les *Délibérations et Mémoires* de la Société royale d'agriculture de la Généralité de Rouen, t. II, p. 215, un Mémoire de M. Toustain de Limésy « sur les avantages de l'établissement d'une pépinière royale dans la Généralité. »)

M. Quesnel, dans sa propriété du Boisguillaume, plantait, quelques années plus tard, des cèdres de Virginie et du Liban et des cyprès de la Louisiane.

Dans une lettre adressée à l'Intendant, 12 décembre 1770, M. Mustel annonçait qu'il « avait formé une pépinière d'une assez grande étendue, où il se trouvait plus de 10,000 pieds d'arbres et d'arbustes de toute espèce, dont plusieurs étaient absolument inconnus dans la province. »

M. Le Noble, dans ses propriétés du Gennetay et du Madrillet près de Rouen, avait établi une plantation de 6,000 mûriers.

« L'échenillage des arbres a été mis au rang des

mesures conservatrices des productions de la terre (Loi du 26 ventôse an IV ; Circulaires du Ministre de l'intérieur des 25 floréal et 28 prairial an V). Mesure employée en l'an V, continuée en l'an VI et en l'an VII, ordonnée pour l'an VIII par la circulaire du 7 pluviôse. » *Administration centrale du département, du 1er brumaire an IV au 28 pluviôse an VIII.*

« Quoique l'agriculture n'ait pas encore acquis sa perfection dans la Généralité de Rouen, on peut se flatter que, la Flandre exceptée, elle soutient la comparaison avec celle des autres provinces. » 11 déc. 1787. *Assemblée provinciale de la Généralité de Rouen.*

DÉFRICHEMENTS

Les défrichements avaient été favorisés par un arrêt du Conseil du 16 août 1761, qui affranchissait de toutes taxes et impositions royales les terres nouvellement défrichées et mises en culture ; par une Déclaration du 14 juillet 1764, qui accordait exemption de dîmes et des autres impositions à ceux qui, pendant un certain nombre d'années, entreprendraient le desséchement des marais et paluds et terres inondées ; par une autre Déclaration du 13 août 1766, qui étendait la même faveur à ceux qui entreprendraient les défrichements des terres incultes ; enfin, par une autre Déclaration, qui accordait des encouragements à ceux qui défricheraient les landes et terres incultes (Compiègne, 13 août 1766).

Les défrichements, sous le nouveau régime, restèrent un des objets de l'administration.

*Assemblée administrative du département, no-
vembre et décembre 1790. —* « 1,200,000 arpents
de marais sont à dessécher dans les divers départements
du royaume ; et cette immense étendue de terrain n'est
peut-être perdue pour l'agriculture que parce que l'idée
générale des défrichements a présenté jusqu'ici celle
d'une dépense qui devait excéder la valeur du sol.

« Nous vous proposons, en sollicitant de l'Assemblée nationale une loi sur les dessèchemens, de la porter
à déterminer quels encouragemens doivent être donnés
à ceux qui tenteraient des dessèchements difficiles sur
leurs propriétés. » .. « Arrêté que le Directoire est chargé
de prendre tous les renseignements nécessaires sur les
marais, situés dans l'étendue du département, susceptibles d'être desséchés, sur la cause de leur inondation
et sur les moyens locaux les plus propres à opérer le
dessèchement. »

L'administration du district révolutionnaire de Rouen
considérant qu'il est infiniment urgent et précieux au
bien général de s'occuper du défrichement des terres
incultes,

Arrête ce qui suit :

Art. 1er. Toutes les terres incultes et susceptibles de
culture et d'un meilleur produit que celui qu'elles ont
rendu jusqu'à ce moment, et qui se trouvent enclavées
dans l'arrondissement du district de Rouen, seront
incessamment défrichées et mises dans la meilleure
valeur possible.

Art. 2. Il sera formé, dans chaque canton du district,
un comité de défrichement composé des bons citoyens

dévoués à la chose publique et qui seront choisis par l'administration.

Art. 8. Il sera laissé à chaque commune, prétendant droit de pâturage sur ces terres incultes, une portion de terrain en pâture dans la quantité proportionnelle au nombre de bestiaux qu'elles sont dans l'usage d'y envoyer.

Art. 9. Pour l'exécution de la loi concernant le mode de partage des biens communaux, il sera planté des bornes qui serviront à la reconnaissance et désignation du terrain inculte mis en défrichement.

Art. 11. Les comités de défrichement requèreront au nom du bien public tous les cultivateurs et habitants, les charrues et les chevaux et ustensiles qu'ils jugeront nécessaires, dans les communes de leur canton, et partageront le travail entre tous proportionnellement au nombre desdits cultivateurs, habitants, charrues et chevaux.

(Probablement de floréal an II, avril-mai 1794).

Ordre de faire, sans délai, la visite des canaux et cours d'eau sur lesquels il y a des ponts établis, et de dresser procès-verbaux, tant des atterrissements naturels que des rétrécissements factices et des plantations qui gênent le libre cours des eaux, 1789 (C. 2205).

DIMES

Adjudication de la dîme de la paroisse d'Ouainville, 1790. — « L'an 1790, le 26 juin, requeste de D. P. M⁰ Jeanne, prestre, curé de la paroisse d'Ouainville, y

demeurant, et maire de la municipalité dudit lieu,
requeste aussy de Me Auvray, procureur de la commune dudit Ouainville, y demeurant, en conséquence
des annonces cy-devant faites aux fins ci-après, je,
Robert Benard, huissier à cheval au châtelet de
Paris......, me suis, ce dit jour, transporté en lad.
paroisse d'Ouainville, proche le manoir presbytéral
dudit lieu, où étant, viron 9 heures du matin, aux fins
par moy de procéder à la vente et adjudication au plus
offrant et dernier enchérisseur de la dixme verte et
seiche dépendante du bénéfice cure de ce lieu, année
présente, consistant en bled, seigle, orge, avoine, pois,
vesce, trèfle, lin, colsard, rabette, chanvre, laine,
agneaux, et généralement toute la dixme dépendante
dudit bénéfice-cure, à l'exception seulement des terres
d'aumône dudit bénéfice-cure, aux charges par les
adjudicataires de payer, argent comptant, entre les
mains de mon dit sieur Jeanne, maire, le prix principal
de l'enchère, de payer aussi les impositions principales,
accessoires et autres droits joincts, ainsi que les droits
qui pourroient survenir, dont mon dit sieur Jeanne,
maire, pourroit estre susceptible, année présente pour
raison de lad. vente, à la charge encore par les adjudicataires de labourer et cultiver les terres d'aumône
dépendantes dudit bénéfice-cure, tellement et de manière
à les aprester à recevoir les semences,

Savoir :

Toutes les dixmes verte et seiche, pour le prix et
somme de 6,200 l. à Pierre Tharel, dudit lieu d'Ouainville, etc.

ÉPIZOOTIES

« La surveillance des maladies épizootiques sur tous les animaux utiles à l'agriculture, comme objet de police, est confiée aux agens municipaux des communes. Les artistes vétérinaires concourent au succès des mesures en veillant sur les communes de leur arrondissement et en administrant les secours nécessaires. Ces artistes vétérinaires sont au nombre de onze. Un arrêté du 23 fructidor an VI leur a désigné à chacun l'arrondissement dans lequel ils exercent leur art. » *Administration centrale du département, du 1er brumaire an IV au 28 pluviôse an VIII* (28 oct. 1795-17 fév. 1800).

FRAIS D'EXPLOITATION

Saint-Pierre-en-Port, 1790. — Compte du curé.
— « Pour 10 boisseaux et demi de bled de semence, à 9 francs le boisseau, 94 l. 10 s. Pour une quarte de seigle, 1 l. 2 s. Pour 9 journées faites à charger et épartir les fumiers que j'ai fait porter sur une acre et demie de terre, 25 s. par jour, 11 l. 5 s. Pour 28 livres de trèfle que j'avais semé sur les terres où je l'ai récolté, à 8 s. la livre, 11 l. 4 s. Pour 7 boisseaux et demi d'avoine semée dans une pièce de 5 vergées, à 10 fr. la mine, 18 l. 15 s. Pour une mine de vesce de semence, 20 l. Pour 15 journées faites, tant à sarcler qu'à échardonner le blé, à 20 s. pour jour, 15 l. Pour 4 journées à faucher le trèfle, à 34 s. pour jour, 6 l. 10 s. Pour 5 autres journées faites à épartir, tourner, mettre en

villotte, lier et tasser ledit trèfle, au même pris 8 l. 10 s. Pour 2 journées à échardonner la vesce et l'avoine, 2 l. Pour 16 journées à scier les acres et demie de blé, à 34 s., 28 l. Pour 5 journées à tourner, lier et tasser ledit bled, au même prix, 8 l. 10 s. Pour le fauchage de l'avoine, 3 l. Pour 2 jours et demi à faucher la vesce, 4 l. Pour 4 jours et demi à tourner, lier, tasser la vesce et l'avoine, 7 l. 13 s. Pour 3 botteaux de paille de seigle pour faire des liens, à 15 s. le botteau, 2 l. Pour le battage du bled, à 6 l. 10 s. du cent, 35 l. Pour le battage de l'avoine, à 3 l. 5 s. du cent, 13 l. Pour ramasser la dîme des pommes dans la paroisse, on a été 4 jours, avec mon petit banneau, 2 personnes et 2 chevaux, 18 l. »

Estouteville, district de Gournay, 1790. On payait aux ouvriers, 1 sou par gerbe d'avoine ou de blé qu'ils battaient.

Saint-Riquier-ès-Plains, 1790. — Frais de battage de blé, à 6 livres le cent, pour neuf cents, 54 l. Frais de battage de seigle, à 6 livres le cent, pour cent onze gerbes, 6 l. Frais de battage d'avoine, à 4 livres le cent, pour six cent onze gerbes, 24 l.

Sotteville-sur-Mer, 1790. 3 mois de nourriture de chevaux, à raison de 12 sous par jour, 108 l. 3 mois de nourriture de 2 hommes, 108 l.

Thibermesnil, 1790. Batteur payé 5 liards pour gerbe de blé, 1 liard pour façon de glu.

Tonneville, 1790. Six personnes pendant la récolte, deux depuis le 1er juillet au 1er novembre, 240 l. Pour le vin des liens, 24 l. Pour 2 chevaux pendant la récolte, 100 l. Labour pour 3 acres de terre, 1 vergée moins,

60 l. Sac de blé de semence, 45 l. Boisseau d'avoine pour semence, 25 l.

Toussaints, 1790. Labour de 6 acres de terre, 1 vergée moins, à 15 l. l'acre et la dînée des chevaux, 90 l. 8 boisseaux de blé pour ensemencer, 84 l. 1 journée d'homme pour donner les semées dudit blé, mener les chevaux, 25 s. 6 journées de femmes pour tirer les neiles et les chardons dans les grains, à 14 s. par jour. A un domestique, depuis la Saint-Jean jusqu'au 1er déc., pour ramasser les trèfles, les lins, lier les grains, les tasser, 110 l.

GABELLE

De la distribution du sel dans le département de Montivilliers. — « Il n'est point d'imposition plus mal assise que le sel. Il n'en est point dont la répartition soit cependant plus positivement fixée par la loi.

« Cette loi règle la distribution à un minot par 14 personnes. Lorsque la taxe du sel était modique, cet impôt était supportable. Il était possible de la répartir suivant la loi ; mais plus on a augmenté le prix du sel, plus on a été obligé de s'écarter de la répartition fixée par la loi.

« On fera attention qu'il s'agit ici du sel obligé : il est tel dans nos campagnes.

« Les financiers qui sont à la tête du gouvernement se font donner par les sindics l'état de la population de paroisses, et c'est sur cet état qu'il est probable que le Conseil fixe la quantité de sel dont chaque paroisse se trouve chargée.

« Qu'arrive-t-il ? Les collecteurs qui prennent le sel
en masse ne peuvent le répartir suivant l'ordonnance.
Le moien de donner un minot de sel à un petit fermier,
dont la maison consiste en 8 personnes ? Ce sel est rejeté
sur l'homme aisé, sur le laboureur qui tient plus de
terres. De là la taxe devient insensiblement réelle ; et
cela contre la loi, mais suivant les règles de la justice.
On peut citer, entre beaucoup d'autres, un fermier qui
n'est pas riche, mais qui tient 20 à 33 acres de terre
près du Havre, qui n'a que 8 personnes chez lui, à qui
on donne 48 pots de sel : il n'y en a que 32 ou 34 au
minot. Cet homme est donc imposé à un tiers plus de
sel que n'en veut l'ordonnance. Qu'en fera-t-il ? le jeter
ou frauder : il ne peut même légalement s'en servir
pour ses salaisons.

« Ce désordre procède de ce que l'état de la population
qu'on fournit renferme ceux qui payent au-dessous de
3 l. de principal de taille, et qui ne doivent pas être
imposés au sel obligé. C'est encore là une difficulté. Les
laboureurs assurent que, si on supprime quelques habitans de cet état, ils sont exposés à l'amende, et, pour
éviter toute chicane, ils fournissent un état exact, de
sorte qu'ils font l'assiette du sel comme ils peuvent et
sans ordre. Ils donnent aux uns plus que l'ordonnance,
et ils taxent les autres au mépris de l'ordonnance.

« Plus on veut approfondir l'impôt du sel, plus on sent
le besoin de l'extirper. Il n'est pas naturel que le pauvre
achète vingt fois sa valeur, comme le riche, une denrée
de première nécessité. Il n'est du moins pas naturel de
le forcer à en acheter ; et c'est là l'esprit de la loi. Ce
n'est point encore assez, en forçant celui qui n'est pas

tout à fait dans la classe du pauvre de prendre du sel à
proportion de sa famille, il y a une espèce d'impiété.
C'est, en quelque sorte, encourager le célibat. Qu'un
homme soit forcé au sel pour sa femme, ses ouvriers, ses
domestiques, on conçoit cela. Mais ses enfans doivent
être exempts. On a senti cette justice pour la capitation.
Pourquoi cette différence à l'égard du sel, qui n'est au
fonds qu'une autre capitation, et bien plus forte ? »
(C. 2161.)

*Lettre de Bernard Cléry, maire de Fécamp, au
procureur syndic du département de Montivilliers.*

« Abolition ou réforme dans la gabelle, cette cruelle
ennemie des pêches et source intarissable de calamités.

« Quand on réfléchit sur le sort d'un malheureux
père de famille qui perd sa liberté et se trouve réduit,
lui, sa femme et ses enfans, au désespoir pour avoir
ramassé une pincée de mauvais sel, secoué de quelques
poissons salés, et qu'il se proposait d'employer ce peu de
sel immonde à donner du goût à ses alimens ou à assais-
sonner une soupe grossière, mal cuite et presque sans
substance, parce qu'il n'a pas la faculté d'en achepter
de meilleur au prix excessif de la gabelle ou du regrat,
à quelles réflexions une âme sensible ne s'abandonne-t-
elle pas ? Les tribunaux et les prisons retentissent des
gémissements de ces malheureuses victimes des loix
rigoureuses de la trop désastreuse gabelle. La gabelle
est jugée, ne cesse-t-on de répéter, et l'on se demande :
mais quel est donc le prononcé de la sentence ? et pourquoi tant différer l'exécution de cette criminelle, si

coupable de lèze humanité ? Les forfaits et les assassinats de la gabelle sont sans nombre : ils sont avérés et l'on hésite de la proscrire. » 30 fév. 1788. (*Ibid.*)

En fait de sel, les ordonnances étaient tellement rigoureuses, que les laboureurs du département d'Arques se crurent obligés, en 1788, de solliciter une autorisation formelle, pour pouvoir lessiver à l'eau de mer leurs blés cariés (C. 2213).

GIBIER

Abus du gibier. Animaux nuisibles.

Butot : dommages causés par le grand nombre de lapins qui ruinent tout le canton, 1729 (G. 5579).

Fontaines-sous-Préaux : terres au milieu des bois ; les bêtes fauves et surtout le lapin font une si grande déprédation dans les grains qu'on ne recueille presque rien, 1747 (G. 5556).

Vénesville : le tiers de la récolte mangé par les lapins, 1729 (G. 5580).

Réclamations contre les pigeons, 1788. *Procès-verbal de l'assemblée du département de Gisors* (C. 2140.)

Réclamations contre l'abus du droit de chasse (*Ibid.*).

Rapport, en 1788, sur les préjudices causés à l'agriculture par les lapins et le tac. *Procès-verbal de l'Assemblée du département d'Arques* (C. 2154).

Mesures à prendre pour la destruction des loups et des chiens enragés, 1767-1787 (C. 121).

On signale, en 1789, les dégâts causés par les loups

dans les paroisses qui avoisinent la forêt de Gaillefontaine. Gratifications accordées pour la destruction de
ces animaux (C. 2173).

*Copie de la lettre écrite par M. le duc d'Harcourt
à M. le baron de Breteuil, le 19 juin 1788.*

« J'ai l'honneur de vous envoyer, M..., une annonce
que le Bureau intermédiaire de l'administration provinciale de Rouën a fait répandre dans toutes les paroisses
de son ressort pour promettre des gratifications à ceux
qui détruiront les loups, quoi qu'il ne soit revenu
aucunes plaintes de leurs ravages. Vous ne jugerez sûre-
ment pas que le moment soit bien choisi pour laisser
courir les campagnes à des païsans armés qui, sous pré-
texte de chasser le loup, dévasteront le gibier, feront la
contrebande armés, et commettront tous les délits
auxquels j'ai déjà peine à remédier en tenant la main à
l'exécution de l'ordonnance du tir pour le port d'armes.
Je regarde cette affaire comme d'autant plus importante
que je reçois déjà des lettres par lesquelles les paysans
prétendent se faire rendre par les sindics des paroisses
les armes déposées chez eux, après avoir été enlevées
par la maréchaussée pour contravention à l'ordonnance
du port d'armes. Je ne pense pas que les Assemblées
provinciales soient autorisées à faire des règlements
d'administration de ce genre sans l'aveu du gouvernement, et suis persuadé que, s'il vous avoit été demandé,
vous auriés prévu les abus qui en résulteront infailli-
blement. En autorisant les gardes à se réunir pour
chasser le loup, en y invitant les gentilshommes on par-

viendroit au même but. C'étoit à vous qu'il appartenoit de rendre une ordonnance sur cet objet, s'il y avoit lieu, en y insérant que le Roi n'entendoit pas donner le droit de s'armer à ceux qui ne l'ont point. Je m'en rapporte à ce que vous croirés devoir faire pour le maintien du bon ordre et de la sûreté publique, qui seroient, l'un et l'autre, très compromis, si vous ni faisiés pas une sérieuse attention pour que l'on ne mît pas le peuple dans le cas de pouvoir interpretter cette annonce comme une autorisation à porter des armes.

« J'ai l'honneur d'être, etc. » (C. 2161.)

Lettre écrite à MM. de la Commission intermédiaire par M. Lambert, contrôleur général, 4 février 1788, pour faire cesser toute distribution ultérieure et charger les Bureaux intermédiaires du département de défendre expressément aux syndics des municipalités de rendre les armes.

« Depuis la Révolution, la chasse avoit été généralement interdicte. Cette précaution avoit eu pour objet d'ôter à la malveillance les moyens de nuire. Cependant, il est résulté de cette interdiction un malheur : c'est que les animaux féroces, tels que les loups et les renards, se sont multipliés de la manière la plus alarmante. » *Administration centrale du département, du 1er brumaire an IV au 28 pluviôse an VIII* (1795-1800).

Mémoire sur les dégâts causés par les corneilles, 1789. *Assemblée provinciale* (C. 3120).

HARAS

Consulter sur les haras avant la Révolution les liasses C. 119, 120.

Au moment de la Révolution, l'opinion publique était manifestement opposée aux haras.

« Le peu de succès de l'élève des chevaux dans le pays de Caux est attribué au règlement des haras de 1718. La liberté indéfinie d'avoir des étalons seroit plus favorable. » *Procès-verbal des séances de l'Assemblée du département de Caudebec, 1788-1789* (C. 2157).

Réclamation contre les haras, en 1788, à l'Assemblée du département de Gisors (C. 2140).

Unanimité pour solliciter la suppression des gardes-étalons et une loi qui laisse à chaque particulier la liberté de faire saillir ses juments par tels chevaux qu'il voudra. *Procès-verbal des séances de l'Assemblée du département de Pont-Audemer.*

Assemblée administrative du département de la Seine-Inférieure, en novembre et décembre 1790, p. 307 :

« Le décret de l'Assemblée nationale du 29 janvier 1790 a aboli le régime prohibitif des haras.

« Les chevaux normands sont renommés principalement pour le trait.

« Il n'y avoit point de haras dans l'étendue de notre département. Le gouvernement avoit établi de distance en distance des gardes-étalons auxquels on distribuait,

de temps à autre, de beaux chevaux sortant des haras
du Roi. »

On réclame la suppression des gardes étalons, et la
concession de primes à ceux qui auraient de beaux
chevaux.

IMPOSITIONS

*Assemblée administrative du département, nov.
et déc. 1790.* — « Déjà l'Assemblée nationale nous
offre le plan de toutes les grandes réformes relatives
aux impositions ; elle s'avance constamment vers le
niveau de la recette et de la dépense ; elle choisit avec
sollicitude ces combinaisons favorables d'impôts qui
épargnent le peuple, qui favorisent l'agriculture et
l'industrie, et qui fait tout prospérer. N'a-t-elle pas déjà
supprimé la gabelle, l'impôt des cuirs, les dîmes ? Ne
va-t-elle pas pour l'avenir asseoir, sur des bases fixes
et proportionnelles, soit l'impôt foncier, soit les taxes
mobiliaires ? Ne se prépare-t-elle pas à détruire ou
modifier toute imposition, qui, par sa nature, son régime, ses conséquences, serait nuisible ou trop aggra-
vante. »

La contribution foncière et mobilière de 1791 s'éle-
vait, pour le département de la Seine-Inférieure,
à. . . . .　9.421.700 l.

Les sols de non-valeurs et sols addi-
tionnels à . . . .　2.473.639

Total. . . . . 11.895.339 l.

(Rapport des travaux du département depuis le 15 déc. 1791 jusqu'au renouvellement en nov. 1792).

« Comme aucun cadastre ne constatait les valeurs foncières, elle (la construction foncière) n'a pu être faite que sur des bases approximatives tirées des impositions anciennes, mais toujours très fautives. » *(Ibidem.)*

A l'Assemblée provinciale de la Généralité de Rouen, 11 décembre 1787, on avait signalé parmi les obstacles qui s'opposaient à l'amélioration de l'agriculture :

1° L'inégalité, l'arbitraire dans la répartition et l'instabilité des cotes de chaque particulier, tant pour la taille d'exploitation que pour la capitation et l'industrie ;

2° La même incertitude quant à la répartition de la corvée en argent ;

3° La cote quadruple, imposée à tout propriétaire roturier qui venoit résider sur ses fonds pour les faire valoir ;

4° La rareté ou le mauvais état des chemins vicinaux et de la communication avec les grandes routes ;

5° L'importunité, l'inquiétude, quelquefois même les désordres qu'occasionne le parcours des mendiants.

MISÈRE DANS LES PAROISSES

Angreville : il n'y a, dans la par., que 10 maisons, bien pauvres, 1729 (G. 5557).

6

Auffay : 700 paroissiens, dont 400 sont pauvres et mendiants, 1728 (G. 5565).

Authieux-sur-Buchy (les) : « Les femmes se présentent à l'église, au retour de leurs couches, sans faire dire la s⁰ messe; les morts sont inhumés sur le même pied. Il n'y a pas un fermier à son aise », 1728 (G. 5574).

Bazomesnil (aujourd'hui hameau de Sévis) : de 66 à 70 communiants, dont beaucoup sont pauvres, 1728 (G. 5565).

Barentin : grande quantité de pauvres à la charge du curé, 1729 (G. 5570).

Bellencombre : presque tous les paroissiens sont pauvres, et auraient besoin de secours, 1729 (G. 5565).

Berneval-le-Grand : 150 feux, dont plus des 2/3 sont occupés par de pauvres pêcheurs, 1718 (G. 5567).

Boissay (canton de Buchy) : 30 feux chargés d'enfants, d'une pauvreté extrême, 1728 (G. 5557).

Bolleville : 350 communiants, la plupart pauvres fileurs de laine qui ont besoin d'assistance, 1728 (G. 6560).

Brémontier-Merval : plusieurs familles pauvres, formant un total de 46 personnes, 1775 (G. 841).

Canville (N.-D. de) : légion de mendiants, 1729 (G. 5554).

Croixdalle : 250 communiants; les 3 parts sont très pauvres, n'y ayant pas un laboureur qui ait l'occupation d'une charrue, 1728 (G. 5557).

Ingouville (N.-D.-d') : grande pauvreté du peuple, 1729 (G. 5580).

Mélamare : plus de 450 catholiques; plus de 200 religionnaires, la plupart des uns et des autres à l'aumône, 1729 (G. 5578).

Neuville-le-Pollet : de 5 à 600 paroissiens, la plupart pauvres, 1728 (G. 5558).

Ourville : 800 communiants; plus de 200 pauvres, 1729 (G. 5580).

Paluel : pauvres en grand nombre, 1729 (G. 5580).

Prétot (S.-Pierre de) : 20 pauvres tous les jours à la porte du curé, 1728 (G. 5578).

Ricarville (canton d'Envermeu) : pauvres en grand nombre, 1751 (G. 5558).

Saint-Martin-le-Gaillard : curés malheureux par la triste multiplication des pauvres qui les accablent, 1728 (G. 5559).

Saint-Nicolas-d'Aliermont : pauvres plus nombreux qu'ailleurs, 1728 (G. 5558).

Saint-Ouen-sous-Bailly : il n'y a que 6 maisons aisées, 1757 (G. 5558).

Sainte-Agathe-d'Aliermont : 250 communiants, la plupart très pauvres, 1728 (G. 5558).

Thiergeville : pauvres et mendiants en grand nombre, 1728 (G. 5580).

Valmont : la plupart des habitants sont de pauvres gens dont plusieurs familles méritent l'attention des personnes charitables, 1764 (G. 5580).

Wanchy : grand nombre de pauvres, 1729 (G. 5558).

Ypreville (S.-Michel d') : 25 familles d'indigents, sans compter les vagabonds auxquels il faut donner, 1728 (G. 5580).

En 1774, l'archevêque de Rouen adressa une lettre-circulaire aux curés de son diocèse pour leur demander de lui envoyer un état exact des fonds destinés, dans leurs paroisses, au soulagement des pauvres. Il résulte des réponses qui ont été conservées, que les pauvres étaient nombreux, presque partout abandonnés par les gros décimateurs, à la charge des curés qui, eux-mêmes, se plaignaient d'avoir peine à vivre ; que les paroisses étaient désolées par les mendiants étrangers ; que, presque nulle part, il n'y avait de fondations en faveur de l'indigence.

Nous n'en rapporterons que quelques extraits :

Ambourville : pour les pauvres, 3 l. de rente provenant de la fondation de M. de Balsac de Montaigu, en 1620 ; 15 s. de rente de celle de M. Jourel, ancien curé.

Anneville-sur-Seine : pour les pauvres, 156 l. de rente données, en 1713, par le président du Pont, et 100 l. de rente sur l'hôtel-de-ville d'Honfleur.

Argueil : « Je ne veux point augmenter le nombre de ceux qui se plaignent des gros décimateurs. Si la cotisation avoit lieu comme en 1741, chaque paroisse pourroit faire subsister ses pauvres et les empêcher de mendier. »

Bellengrevillette : plus de la moitié des paroissiens pauvres.

Boos : « Le curé réduit au tiers des dîmes ; les deux autres tiers aux religieuses de Saint-Amand, qui se contentent de faire distribuer 5 ou 6 boisseaux de blé à leur gré, après la tenue de leurs plaids. »

Bornambusc : 15 familles pauvres.

Bosc-Edeline : curé réduit aux 2/5 d'une dîme qui, dans les bonnes années, ne dépasse pas 1,500 de blé ; 24 l. de pain distribuées chaque semaine par les seigneurs.

Boscherville (Saint-Martin-de-) : mention de deux rentes de 40 et de 150 l. données par MM., de Bassompierre et de Coislin, évêques de Saintes et de Metz, anciens abbés de Saint-Georges.

Boshyons : « 500 habitants, tant petits que grands; il n'y a, dans la par., que 4 fermes, chacune de 2 charrues de labour. Le curé n'a que la dîme de ces 10 charrues, et encore est-il obligé de rendre, tous les ans, 800 l. aux chanoines de Gournay. »

Bourville : de 320 à 330 communiants; on a distribué aux pauvres 400 l. à l'occasion de la mort du marquis de Cany et du précédent curé.

Bradiancourt : « L'abbé de Saint-Wandrille possède les 2/3 de la dîme, et cependant il n'a jamais fait aucun bien aux pauvres de ma paroisse. »

Bully : « Les pauvres ont trouvé une ressource dans une route de charité que M. le chancelier (Maupeou) a fait commencer, ce qu'il seroit à souhaiter qu'on continuât, dans un pays où les chemins sont impraticables. »

Clères : cent livres accordées, chaque année, par le duc et par la duchesse de Charost.

Cordelleville : le seul secours vient de la générosité des mêmes seigneurs.

Coudray (le) : « Jadis mes pauvres avoient la liberté de faire un fagot de mort bois dans la forêt, mais elle leur est totalement ôtée. »

Criquetot-sur-Ouville : plus de 500 communiants; pas un pouce de terre attaché à la cure; 35 s. de fondation pour les pauvres; louange de la bienfaisance de M. Duhamel, seigneur-patron.

Croisy-la-Haye : « Près de 700 communiants; peu

de laboureurs ; beaucoup de petits propriétaires qui
n'ont presque que le couvert, par la raison que le pays
est en coutume (droit de parcours) générale ; presque
tous travaillent au bois ou filent du coton. »

Cuverville, au doy. du Havre : 121 feux, 376 communiants, 12 religionnaires, 147 enfants, 60 pauvres
sur 535 habitants.

Dampierre (canton d'Envermeu), par. de 200 communiants ; 6 familles à l'aumône.

Doudeville : 60 familles pauvres.

Ecotigny : les pauvres n'avaient de ressources que
dans la charité de la comtesse de Martainville ; on ne
sait si sa fille, la comtesse d'Hunolstein, aura les mêmes
bontés.

Ectot-les-Baons : « L'abbé de Saint-Wandrille, seigneur-patron et gros décimateur, a bien voulu contribuer à la subsistance des pauvres en donnant une
somme de 50 l. ; malheureusement, le secours n'est
arrivé qu'une fois pendant l'espace de dix-huit ans. »

Elbeuf-en-Bray : éloge de la charité de Mme de Ni-
colay ; félicitations à l'archevêque d'avoir supprimé
plusieurs maisons religieuses : « Aujourd'huy on a
ouvert les yeux, on sçait à quoy les moines sont bons.
Quand même on ne s'empareroit que de leur superflu,
les grandes vues du Roi seroient remplies. »

Equiqueville : à l'exception de 3 ou 4 fermiers, les
habitants gagnent leur pain à la sueur de leur front et à
grand'peine.

Ferté (la) et Saint-Sanson, son annexe : « 620 communiants, dont 150 réduits à la plus affreuse misère.
Le mauvais état des chemins et l'éloignement des autres

paroisses leur rendent impossible la mendicité même, dernière et affligeante ressource de l'indigence. »

Fresles : le curé, M. Riou de Kerson, croit voir une des causes essentielles de l'accroissement de la misère des campagnes dans l'usage, adopté par les fermiers les plus riches, de faire valoir plusieurs fermes à la fois : « enlevant ainsi le moyen de vivre honnêtement au petit fermier, réduit à être leur locataire et leur serf, et à mendier pour lui et ses enfants ». Il pense que le Roi devroit s'opposer à un pareil abus, auquel il attribue l'abandon des pratiques religieuses par la surcharge d'occupations à laquelle sont soumis les gros fermiers. Il se plaint des habitants de la par. qui ont refusé de contribuer au soulagement de leurs pauvres ; du duc d'Estrées qui, possédant dans la par. des revenus considérables, n'a jamais rien fait distribuer. Le collège de Cornouailles, à Paris, gros décimateur, retire 800 l., paye au curé la portion congrue, et reste chargé des réparations du chœur (1).

(1) On retrouve la même opinion exprimée en 1787 et 1788 : Assemblée provinciale de la Generalité de Rouen, 11 décembre 1787 : « Les éloges prodigués dans plusieurs ouvrages aux grandes exploitations agraires, consacrent sans réplique l'avantage particulier de ceux qui les font valoir. Mais il est au moins problématique si le bien public en résulte également. Il paroit constant, au contraire, que 4 fermes de 2,500 l. chacune entretiennent deux fois plus d'hommes, de bestiaux et de volailles, qu'elles sont plus attentivement cultivées et mieux fumées qu'une ferme de 10,000 l. située dans le même canton. Les soins d'un gros fermier ne peuvent suffire aux détails minutieux, mais utiles, de l'étable, de la laiterie, de la basse-cour et notamment de l'industrie de la fabrication qui occupent continuellement les autres. Ses richesses l'isolent de ses collaborateurs, qui s'accoutument à ne plus voir en lui qu'un maître, et

Fromentel : pauvres secourus toutes les semaines par l'abbaye de Foucarmont.

Gommerville : aucun secours des moines qui sont gros décimateurs,

Gonfreville-l'Orcher : éloge du bon cœur de Mme de Melmont.

Grainville-sur-Ry : mention de la donation faite par l'abbé de Germont, conseiller-clerc au Parlement, d'une rente de 15 boisseaux de seigle; « cette fondation attire une multitude de malheureux dans la paroisse. »

Harcanville : fondation pour marier les pauvres filles et pour l'instruction des garçons par le curé Antoine de Banastre, en 1630.

Hattenville : « Fermette de 6 acres de terre, louée 18 pistoles, lequel bien appartient, par donation de feu M. Paon, aux orphelins des matelots que les tempêtes font périr, de la par. de Criquebœuf près Fécamp. »

Heugleville : mention d'un legs de 30,000 l. par la duchesse de la Force en faveur des paroisses d'Heugle-ville, Saint-Denis-sur-Scie et Auffay, et d'une distribution de 9 l. et de 12 pains de 3 l. aux pauvres, le jour du jeudi saint.

Hodenger : 30 feux; 10 de ces feux à de pauvres

rarement le devoir supplée aû zèle, à la commensalité, à l'amitié, qui s'établit naturellement entre les ouvriers et le chef d'une petite exploitation. Les propriétaires qui, dans le pays de Caux, se sont déterminés à morceler leurs possessions, ont augmenté leurs revenus, la population, l'industrie et l'aisance dans leurs paroisses. » (C. 2111.) « Assemblée du département de Gisors, 1788 : « Diminution des moutons, et, par suite, augmentation du prix de la viande, des cuirs et du beurre, attribuée en partie à la réunion des biens en un même corps de ferme. » (C. 2140.)

journaliers; 100-l. d'aumônes provenant d'une donation
de feu M. Ant. Le Gendre, s^r des Fontaines, du 3 nov.
1701. « Hodenger n'est qu'un marais imparfaitement
desséché; la totalité du terrain en valeur ne produit que
des herbes acides et quelques médiocres avoines; on y
connoit pas le froment; il n'y viendroit pas. Environ
400 acres de lande, bruyère et communes. »

Houssaye (la) : aucun secours de l'abbesse de Saint-
Amand qui a les grosses dîmes.

Intraville : 14 familles indigentes.

Manoir (le) : quelques-uns sont occupés charita-
blement par M. le Président de Rouville à ses jardins.
Tous travaillent à la manufacture de Darnétal.

Mélamare : 800 âmes, moitié catholiques, moitié pro-
testants; de 90 à 92 indigents; 800 l. données par
Mgr de Coislin, ancien évêque de Metz et abbé de
Saint-Georges.

Mesnil-Lieubray : « Pour secourir les pauvres, le
curé n'a d'autres ressources que sa bourse, à moins
qu'on ne veuille faire contribuer MM. du Chapitre de
Rouen, qui jouissent d'une partie considérable des
dîmes, et les RR. PP. Bénédictins de Saint-Germer. »

Maucomble : « Pauvres en grand nombre n'ayant
pour subsister que ce que donnent le curé et M. de Fon-
tenelle, maître de la verrerie de Maucomble. »

Neuville-Chant-d'Oisel (La) : « Nulle ressource, si
on en excepte l'abbé de S. Ouen, qui possède le tiers de
la dîme, et M. Pigou, qui, pendant son exil, y a répandu
des aumônes avec affluence, mais il n'y est plus. Je ne
dirai rien de M. l'abbé de Lire, qui y possède les 2/3 de
la dîme : il m'a été remis de sa part, depuis neuf ans,
24 l. »

Ouville-l'Abbaye : « Nos MM. les religieux Feuillants, au nombre de 4, demeurant dans ladite paroisse, jouissant du meilleur bien du lieu, à qui j'ai communiqué votre lettre, m'ont dit qu'il n'étoient obligés en rien envers vos pauvres. »

Poterie (la) : 50 pauvres.

Préaux : « J'ai pour décimateurs les couvents de Saint-Ouen de Rouen, Saint-Amand et le prieuré de Beaulieu, qui tous trois partagent par égale portion, me laissant tout le fardeau sans en recevoir aucun secours. »

Raffetot : François de Canouville, bienfaiteur; de 140 à 145 personnes exposées à la misère.

Richemont : 420 communiants, 150 pauvres.

Rouvray : le curé se loue de la charité d'un jeune seigneur militaire; récolte consommée par la trop grande quantité de lièvres et de lapins.

Ry : paroisse située sur le grand chemin royal, passage ordinaire des troupes qui y logent et y prennent l'étape, journellement inondée de vagabonds, qui font de la mendicité une profession.

Saint-André-sur-Cailly : les Bénédictins de Saint-Ouen, gros décimateurs, n'ont pas donné une obole.

Saint-Antoine-la-Forêt : 3 l. de rente pour les pauvres, le jour des morts.

Saint-Arnoult : « 200 feux dont la moitié sont des journaliers qui vivent du travail de leurs bras. Je voudrais pouvoir aider les pauvres dans leur misère : j'en suis empêché par deux décimateurs, qui sont Mme l'abbesse de Saint-Sauveur d'Evreux, qui perçoit les 2/3 de la dîme, et un prieur de Charleval, qui en perçoit un demi-tiers. »

Saint-Aubin, près Gournay : 150 communiants sans compter les enfants; pas un ménage qui récolte pour vivre; le terrain consiste en bois qui appartiennent à M¹ˡᵉ de Montmorency, et en bruyères qui appartiennent à Mᵐᵉ de Sainte-Geneviève.

Saint-Eustache-la-Forêt : rente de 10 l. en faveur des pauvres; le curé se plaint des décimateurs : « Je dirai à leur honte que les pauvres tirent plus de secours du moindre des protestants qu'ils n'en tirent d'une célèbre abbaye, qui dépouille près de 800 acres de terre de ma paroisse. »

Saint-Maurice près Neufchâtel : 30 maisons dont 6 occupent presque tous les biens; 12 habitées par de petits artisans qui n'ont de ressource qu'en la charité du prieuré de Clairruissel et du curé..... Aucune aumône de la part des titulaires des bénéfices.

Saint-Martin-du-Bec : 41 personnes très pauvres.

Saint-Ouen-des-Champs : l'industrie consiste à filer du lin, métier insuffisant pour nourrir les familles nombreuses.

Sainte-Austreberte : 10 l. de rente hypothéquée pour donner deux lits aux pauvres; le nombre des indigents va en augmentant.

Sainte-Croix-sur-Buchy : insuffisance, pour vivre, de l'industrie de la filature du coton.

Sainte-Geneviève-en-Bray : 15 familles très nécessiteuses, qui n'ont jamais eu d'autres ressources que les aumônes de la maison de Sommery, si ce n'est que, depuis quelques années, l'abbé de Beaubec, gros décimateur, a fait distribuer à 15 ou 16 familles 12 s. par mois.

Serqueux : éloge de la charité de M. Dufossé, seigneur; 15 familles ou 44 personnes à l'aumône.

Sommery : le curé se loue de la libéralité du seigneur.

Tôtes : 20 familles pauvres.

Val-Martin : on est accablé de gens sans aveu, mendiants de profession,

Varangeville (N.-D.-de-) : 6 familles pauvres.

Vieux-Manoir : 80 feux sur lesquels 12 laboureurs
font depuis 10 jusqu'à 30 acres de blé, et occupent la
moitié des paroissiens; l'autre moitié, de tisserands,
fileurs de coton et mendiants.

Il y eut un accroissement notable de misère dans les
campagnes, comme dans les villes, par les inondations
et la rigueur extraordinaire de l'hiver de 1784.

Voici les lettres que M. Charles, Subdélégué d'Eu,
écrivait, à cette occasion, à l'Intendant de la Généralité :
« 13 février 1784. Toute communication dans l'Élection
par les chemins de traverse entre les villes, bourgs et
villages est interdite; tous les travaux sont suspendus;
les journaliers sans ouvrage depuis plus d'un mois
manquent de pain; l'on commence à parler de voleurs,
de pauvres honteux qui, la nuit, vont frapper aux portes
des fermiers et demander du pain; la culture des terres
est considérablement en retard; l'on ne peut ni labourer
ni fumer pour préparer la semence des mars; les fourrages se consomment et diminuent au point que l'on a
de l'inquiétude comment on nourrira les bestiaux jusqu'à
la poussée des herbes..... Le bois commence à être rare,
étant impossible d'en apporter en voiture et très difficile
d'en faire venir à dos de cheval..... Le peuple ne se
ressent pas de la paix. Les impositions sont les mêmes

que pendant la guerre, et, de plus, il éprouve un hiver
le plus long et le plus rigoureux dont on ait mémoire,
et le blé est très cher. » Ce Subdélégué émet le vœu, en
finissant, que le contrôleur général accorde, pour cette
année, l'exemption de la milice et de la corvée. —
3 avril 1784. Après avoir exposé ses raisons de craindre
une excessive cherté ou la famine, le même Subdélégué
écrit à l'Intendant : « Je vois dans le peuple un mécon-
tentement et une inquiétude extraordinaire, et il faut
avouer que cette augmentation considérable vient dans
de tristes circonstances. J'ai vu le blé bien plus cher, et
il n'y avoit pas autant de murmures. Pourquoi? Parce
qu'on n'avait pas eu un hiver aussi rigoureux ; parce que
les travaux n'avoient pas été suspendus pendant trois
mois entiers ; parce qu'on n'était pas fatigué de l'aumône ;
parce que les laboureurs étoient riches et tenoient leurs
fermes à bon marché. Au lieu que, dans ce moment-ci,
tout le monde est las de souffrir et de donner ; ..... parce
que les laboureurs qui, il y a 7 à 9 ans, ont considérablement augmenté leurs fermes n'ont pas gagné tant que
le bled a été à bon compte (1). »

En 1786, le pays eut à traverser une crise d'un
autre genre, qui fut la suite du traité de commerce.
L'industrie de la filature de coton, qui faisait vivre un
nombre infini d'habitants des campagnes, fut gravement
compromise, et les pertes qui en résultèrent rendirent

---

(1) Vraisemblablement en 1769, où il y eut aussi un hiver extrê-
mement rigoureux. Dans la Subdélégation d'Eu, qui contenait la ville
d'Eu et plus 15 paroisses, on ne comptait pas moins de 5,256 personnes
réduites à l'indigence. La ville d'Eu, à elle seule, en comptait 679.

plus sensibles les privations causées par la cherté du blé
et par la rigueur de l'hiver de 1789.

On trouve des témoignages très certains de la misère
occasionnée par la chute de la filature de coton dans le
Fonds de l'Assemblée provinciale (C. 2210, 2211, 2212).
Aux environs de Rouen, 73 paroisses furent plus ou
moins gravement atteintes. A Clères notamment,
paroisse sujette aux inondations, on comptait 300 ménages taillables, dont un tiers dans la dernière misère,
le second tiers prêt à subir le même sort, « à cause de
la filature de coton qui était entièrement tombée. » On
note qu'à Gueutteville les hommes gagnaient de 12 à
14 s. à filer une livre de coton, 1788.

Assemblée provinciale de la Généralité de Rouen (décembre 1787)

Rapport sur la Mendicité

« La destruction de la mendicité est une de ces grandes
réformes que la religion, le gouvernement et l'honneur
de l'humanité sollicitent depuis longtemps. Il faut que
des obstacles bien puissants s'opposent à son succès,
puisque la mendicité, toujours subsistante, a triomphé
de l'autorité des deux puissances, éclairée par le travail
des littérateurs politiques, et soutenue par l'intérêt
général de la nation. Vous excuserez votre Commission,
si, dans une matière qui exige des combinaisons très
étendues et une collection nombreuse de renseignements locaux, tout ce qu'elle a pu faire se réduit à
tracer en masse les dispositions générales d'un plan
propre à remplir vos vues bienfaisantes.

Elle a vu d'abord qu'il faut distinguer deux classes
de mendiants très différentes. L'une est composée de
tous ceux que l'âge ou les infirmités rendent incapables
de travail, et de tous ceux encore qui, ayant le pouvoir
de travailler, manquent d'ouvrage. L'autre est formée
d'individus valides, voués à la fainéantise et à tous les
vices qu'elle produit, qui ne mendient que pour se dis-
penser de travailler. Il faut aider les premiers et corriger
les seconds ou les punir.

Il a paru à votre Commission que le premier pas à
faire seroit d'obliger tous les mendiants à retourner
dans leurs paroisses et à s'y fixer. C'est là qu'ils doivent
être secourus suivant les ordonnances et les conciles ; et
c'est par là seulement qu'on pourra distinguer les vrais
pauvres de ceux qui mendient par goût et par métier.
Le travail accepté ou refusé sera la pierre de touche.

Ce renvoi nécessiteroit quelques précautions pour en
diriger l'exécution, pour faire subsister les pauvres en
voyage et pour garantir, pendant ce mouvement, la
sûreté des chemins et des villages.

Il faudroit, dans chaque paroisse, une administration
pour vérifier les besoins des pauvres, pour leur distribuer des secours et pour surveiller leur conduite. C'est
principalement par le défaut de cette attention fonda-
mentale que toutes les lois portées jusqu'ici contre la
mendicité sont restées inutiles. Votre Commission a
pensé que ces administrations se trouvent toutes formées
par les assemblées municipales qui réunissent dans leur
sein le seigneur, le curé, le syndic et les notables élus
par la communauté, dépositaires de sa confiance.

Chaque assemblée municipale dresserait tous les ans

une liste de ses pauvres, indiquant la cause et l'étendue de leurs biens, avec les ressources de la paroisse, soit en argent, soit en travail à distribuer.

Les doubles de ces listes seroient envoyées aux assemblées des départements (1) qui en composeroient des états pour chaque département; et les doubles de ces états, remis à vos archives, vous présenteroient le tableau général des besoins de l'indigence dans votre ressort.

Il faudroit une masse de fonds publics pour subvenir à ces besoins, et une régie simple pour la recette et la distribution des fonds.

La caisse des pauvres seroit fondée :

1° Sur la réunion qui y seroit faite de tous les biens et revenus destinés à leur soulagement, tant par les loix publiques de l'Église et de l'État que par les titres des fondations particulières : réunion nécessaire à l'unité d'administration et au maintien de la discipline qui interdiroit de donner, comme de recevoir, aucune assistance directe ;

2° Les fonds de la caisse seroient grossis par les produits des aumônes volontaires. Elles suffisent à présent pour faire vivre les mendiants, puisque tous les mendiants vivent. Si l'on évaluoit ce qu'ils reçoivent dans les églises, dans les places publiques, dans les rues, dans les promenades des villes, dans les châteaux, dans les presbytères, dans les fermes des campagnes, aux foires, aux marchés, aux portes des riches abbayes,

(1) Les départements, dont il s'agit ici, étaient des circonscriptions formées dans chaque Généralité et répondant assez exactement aux Élections.

on seroit étonné du montant de la contribution qu'ils lèvent sur toutes les classes de la nation. Puisqu'ils ne pourroient plus aller chercher ces aumônes, il faudroit bien qu'elles vinssent les trouver : mais quel est le citoyen qui voudroit resserrer sa bourse, quand au motif de remplir un devoir de religion et d'humanité il joindroit l'intérêt de préserver ses regards et ses propriétés du fléau de la mendicité? Il ne s'agiroit donc que de diriger vers un réservoir commun ces filets de bienfaisance divisés, et d'employer utilement ce qui sert maintenant à entretenir un vice moral et politique.

3° Il faut compter aussi, dans le nombre des ressources utiles pour le soutien des pauvres, les fonds des ateliers de charité bien administrés, et ceux de l'imposition en rachat de la corvée. Tous les pauvres en état de travailler pourroient y participer, en tirer leur subsistance, et par là diminuer les charges de la caisse commune.

4° Plusieurs autres moyens sont encore à la disposition du gouvernement et des prélats; comme l'application au profit des pauvres des produits de la vente des cimetières supprimés dans toutes les villes, la réunion des manses conventuelles des maisons religieuses qui sont dans le cas de la suppression, aux termes de l'Édit de 1768, celle des revenus de toutes les confrairies, excepté celles de charité établies dans les paroisses.

5° Il seroit bien désirable qu'on pût éviter le besoin d'une contribution forcée; mais comme il faut donner à toute administration publique des fondements certains, le cas du ralentissement des aumônes volontaires, tout invraisemblable qu'il est, doit être prévu. Notre Com-

mission n'a pas trouvé de moyen plus convenable d'y
suppléer que celui d'une souscription établie dans
chaque paroisse. Cette souscription seroit forcée en ce
que chacun seroit tenu de se faire inscrire pour la
somme qu'il voudroit offrir ; mais elle seroit volontaire
quant à la quotité de l'offrande que chacun resteroit
libre de déterminer à son gré..... » En conséquence voici
quelles étaient les propositions de la Commission :

« Etablir la communauté des secours entre toutes les
parties de la Généralité. — Les valides seroient entre-
tenus de travail propre aux facultés des deux sexes. —
Les malades seroient assistés chez eux ou envoyés aux
hôpitaux et hôtels-Dieu. — Les enfants seroient élevés
d'une manière propre à les rendre utiles à la société. On
veilleroit à ce qu'ils allassent aux écoles. — Les dépôts
actuels de mendicité, n'étant plus destinés qu'aux mendiants endurcis et indociles, deviendroient moins sur-
chargés. Ils ne devroient être que des maisons de
correction, et c'est le nom qu'ils porteroient. — Les
pauvres seuls y seroient renfermés ; il ne faudroit pas au
moins qu'ils y fussent confondus avec les scélérats que
la justice criminelle a flétris : ce mélange n'est propre
qu'à pervertir les enfants et à perpétuer la corruption
des adultes qu'on y détient pour le seul fait de mendicité. — Le directeur de la maison feroit distribuer à
chaque reclus une tâche d'ouvrage proportionnée à ses
forces. — Ceux qui la rempliroient exactement pendant
quelque temps, et qui se comporteroient avec sagesse,
seroient séparés des autres ; quelques adoucissements
diminueroient la rigueur de la détention, et, lorsqu'une
assez longue épreuve auroit constaté leur conversion,

la liberté leur seroit rendue. Ceux dont la première conversion n'auroit pas vaincu la paresse seroient mis au pain et à l'eau pour toute nourriture, et des traitements plus sévères châtieroient leurs moindres mutineries.

« Ce plan est formé de la combinaison des vues diverses que plusieurs écrivains estimables ont publiées sur cette matière. Votre Commission s'est sentie encouragée à vous le proposer, en considérant que la constitution des administrations provinciales offre un établissement tout formé, très propre sous tous les rapports, et en faciliter l'exécution. Tout invite à le perfectionner, parce que rien n'est plus digne de l'homme sensible que de secourir la pauvreté involontaire, et rien ne doit plus intéresser le vrai citoyen que l'anéantissement de ces mendiants par spéculation, dont les hordes malfaisantes infestent nos villes et nos campagnes.

Signé : † D. cardinal de la Rochefoucauld,

Bayeux, secrétaire. »

A la suite de ce rapport et conformément à ses conclusions, l'Assemblée provinciale arrêta :

« D'autoriser dès à présent la recherche de tous les éclaircissements et de tous les moyens convenables pour parvenir à son exécution. On dressera des états des pauvres et des biens et des aumônes fondées, applicables au soulagement des pauvres. On formera des bureaux et associations de charité.

S. M. sera instamment suppliée : 1° d'ordonner que les loix rendues sur cette matière seront strictement exécutées ; à l'effect de quoi les mendiants valides et

sans aveu qui persisteront à refuser de se fixer dans leur
paroisse et d'y gagner leur vie par leur travail, seront
arrêtés et renfermés dans le dépôt de mendicité de cette
ville ; 2° d'ordonner pareillement, afin de rendre à ce
dépôt toute l'utilité dont il est susceptible par l'objet
primitif de son institution, qu'il ne soit employé qu'à la
destination des seuls individus arrêtés pour le fait de
mendicité ; 3° que la totalité des fonds levés sur la
Généralité pour l'entretien de cette maison ne soit
appliquée qu'à cet emploi ; 4° que le régime de cette
même maison soit perfectionné de manière à en rendre
le séjour plus efficace pour la correction des mendiants.

  Signé : † D. cardinal de la ROCHEFOUCAULD,

         BAYEUX, secrétaire. »

Procès-verbal des séances de l'Assemblée adminis-
trative du département de la Seine-Inférieure,
tenue à Rouen aux mois de nov. et déc. 1790.

« La mendicité est devenue, par le défaut d'emploi
de moyens suffisants pour la détruire, un fléau pour les
villes et pour les campagnes. Elle compromet la sûreté
des grandes routes ; elle intercepte les aumônes, qui ne
devraient être faites qu'en faveur des vrais pauvres.
Ne confondons pas ceux-ci avec ces vagabonds errants,
guidés par la fainéantise, le libertinage et souvent par
des inclinations encore plus perverses. Ne les confondons
pas avec ceux qui préfèrent le vil état de mendiant aux
occupations quelconques.

La vie de mendiant vagabond présente le tableau
hideux de tous les vices, je dirais même, de tous les

crimes. Il est peu de pays qui ne fournissent, et surtout dans les campagnes, la preuve de leurs forfaits.

Sous l'ancien régime, le gouvernement s'est maintes fois occupé de cet objet important. Il a été rendu nombre de loix à cet égard. Si leur exécution est restée sans effet, c'est qu'il existait un provisoire préalable, auquel ces loix n'avaient pas suffisamment pourvu.

En vain voudra-t-on détruire la mendicité, si l'on ne s'est pas assuré des moyens de procurer les subsistances des malheureux qui, sans secours, succomberaient sous le poids de l'indigence.

Si la charité ne va pas au devant de ces êtres infortunés, il est évident que le besoin de vivre leur prescrit impérieusement la loi de mendier un pain que, quelques efforts qu'ils fassent, ils ne peuvent se procurer par leur travail.

La loi doit s'armer de rigueur et de sévérité contre l'homme qui, pouvant gagner son pain par un travail utile, s'est voué par paresse à l'état de mendiant, mais elle ne doit pas perdre de vue le soulagement du vrai pauvre, qui ne pourrait pas absolument subsister sans les secours de la charité. »

Conseil général du département. — Lecture d'un projet d'arrêté sur la répression de la mendicité (3 décembre 1791).

Ce projet fut discuté jusques et y compris le premier titre.

Le 5 décembre, on en acheva la discussion et on l'adopta dans son entier, sauf la rédaction qui fut renvoyée dans les différents comités pour être de nouveau rapportée au Conseil.

Le 14 du même mois, le Conseil, pénétré de ce grand principe que l'assistance des pauvres est un des devoirs les plus sacrés ; désirant faire participer dans une juste proportion tous les nécessiteux de son arrondissement à la distribution des fonds destinés à leur soulagement et contribuer efficacement à la répression de la mendicité dans toute l'étendue de son territoire : ouï le procureur général sindic, arrêta provisoirement et jusqu'à ce qu'il eût été statué définitivement par le Corps législatif les dispositions suivantes :

« Il y aura dans le chef-lieu du département une administration centrale pour la distribution des secours à accorder aux nécessiteux. »

Titre 6

Au moyen des dispositions précédentes, il sera défendu à toute personne de mendier soit dans les villes, soit dans les campagnes, même dans son canton ou paroisse, sous les peines portées aux articles 23 et 24 de la loi du 22 juillet 1791 sur la police correctionnelle, et pour l'exécution du présent article le Directoire est autorisé de se pourvoir auprès du Corps législatif.

2°

Les aumônes distribuées aux portes, dans les rues, dans les maisons, ne servant qu'à propager et étendre la mendicité en ôtant les moyens de secourir la véritable indigence, les habitants des villes et campagnes sont invités de remettre leurs dons et aumônes au bureau de leur paroisse.

3°

Il est enjoint aux municipalités, ainsi qu'à la garde et à la gendarmerie nationale, de tenir la main à l'exécution de l'art. 1 du présent titre, et en conséquence d'arrêter toutes personnes qu'ils trouveront mendians et de les conduire devant le juge de paix.

5°

Le présent arrêté sera imprimé, publié, affiché et lu aux prones ou à l'issue des messes paroissiales de toutes les municipalités du royaume. »

Rapport des travaux du département de la Seine-Inférieure, depuis le 15 décembre 1791 jusqu'au renouvellement, en novembre 1792.

« Le Conseil général, dans sa séance du 19 déc. 1791, a cru faire un projet de règlement salutaire. Il tendait à faire disparaître cette classe vagabonde, fléau de la société, qui sollicite effrontément des secours pour alimenter la paresse. Il tendait à soulager cette classe respecta¹ d'infortunés qui, privés de santé, de travail et de fortune, attend les secours que la société doit donner à ceux qui lui sont ou lui ont été utiles. Mais ce plan, si intéressant à concevoir et si satisfaisant à exécuter, avait besoin pour son complément de l'autorisation du pouvoir exécutif. Elle fut demandée par le Directoire, et lui fut refusée, par la raison que l'Assemblée nationale s'occupant d'un plan général, on ne pouvait point admettre de mesures partielles. Nous avons donc la douleur d'annoncer que rien n'est encore fait pour le soulagement des nécessiteux et la destruction de la mendicité, mais nos vues sont consignées dans un procès-verbal et peut-être serviront-elles aux administrateurs assez heureux pour pouvoir s'occuper sans distraction d'acquitter la société de sa dette la plus sacrée. »

Rapport des travaux du département de la Seine-Inférieure depuis le 15 décembre 1791 jusqu'au renouvellement en novembre 1792.

« Nous avons la douleur d'annoncer que rien n'est encore fait pour le soulagement des nécessiteux et la destruction de la mendicité. »

Etat demandé par le Comité de secours établi par l'Assemblée nationale :

Résumé moins quelques municipalités :

Population du département..........	631.515
Feux	149.636
Nombre des individus qui ne payent aucune taxe................:..........	50.906
Total des individus qui ont besoin d'assistance......................	75.694
Montant des fonds de charité........	25.346 l.
— des fonds des hôpitaux..	279.593 l.
Nombre des mendiants vagabonds.....	10.867

POPULATION

La population de la Seine-Inférieure était, en 1790, de................. 597.258
(Mâles, 289,408 ; femelles, 307,850.)

Elle s'éleva, en 1793, à............. 626.593
(Mâles, 299,584; femelles, 327,009.)
En l'an VIII, elle tomba à........... 609.743
(Mâles, 294,101; femelles, 315,642.)
En l'an XII, elle se releva jusqu'à.... 620.101
(Mâles, 297,207; femelles, 322,894.)

De 1790 à 1806, la population s'était accrue de 43,920 individus, c'est-à-dire d'un quatorzième de la population de 1790.

En constatant ce résultat, l'un des auteurs de la statistique de la Seine-Inférieure fait les réflexions suivantes :

« Cette augmentation a plusieurs causes. La tranquillité dont a joui ce département et qui a dû y attirer des colons des départements voisins, a pu y contribuer. Le grand développement d'industrie manufacturière, et le haut prix où sont montés les salaires sont des causes plus générales et d'une plus longue durée. Cependant, le département de la Seine-Inférieure a fourni un grand nombre de bataillons de volontaires. Les loix sur la réquisition, la conscription et l'inscription maritime y ont été exécutées avec beaucoup d'exactitude, et, quelque influence que nous accordions aux causes d'accroissement que nous avons rapportées plus haut, nous ne saurions croire qu'elles aient pu balancer le nombre des bras que la guerre de terre et de mer a enlevés au département. Il faut donc en conclure que le rapport des naissances a été constamment avantageux, puisque, loin de diminuer, la population s'est accrue d'une quantité vraiment remarquable.

« Beaucoup de personnes ont peine à croire à la réalité

de cet accroissement, au milieu de tant de circonstances désastreuses. Il paraît cependant que le même phénomène a été observé sur plusieurs points de l'empire. Alors cette identité de résultats devient une démonstration inattaquable par le raisonnement. Nous hasarderons quelques considérations auxquelles, selon nous, on doit attribuer cet accroissement de population sur tout le territoire de la France et particulièrement sur celui de la Seine-Inférieure. Au surplus, ce n'est pas la première fois que la même chose a été observée à la suite des temps de troubles et de révolutions. Le sage Sully remarque dans ses Mémoires que la population de la France s'était augmentée pendant les guerres de la Ligue. Nous voyons aussi que l'Espagne, pendant ses longs troubles politiques, avait acquis un accroissement de population qui depuis s'est évanouie dans des circonstances plus favorables en apparence à son développement. Il serait sans doute curieux de suivre cette observation dans l'histoire de tous l s peuples et de tous les temps ; et, si l'on arrivait au même résultat, ce serait le cas d'appliquer au développement physique des peuples ce que Mirabeau entendait de leur caractère, lorsqu'il disait : « Les nations ressemblent aux chênes, qui, pour grandir et s'élever, ont besoin d'être battus par les orages. »

La population étant de 641,179 individus en 1806, se trouvait réduite à 624,300 individus, défalcation faite de 16,879 individus présents aux armées. Elle occupait un territoire de 62 myriamètres carrés ou de 314 lieues carrées, et fournissait, approximativement, 1,988 individus par lieue carrée.

La population, répartie en 987 communes, se montait, pour les villes, à 159,616 individus, tandis qu'en 1790 elle était de 165,840.

On expliquait ainsi la diminution de la population citadine : « L'interruption du commerce par mer avait fait perdre aux villes maritimes une partie de leur population. D'un autre côté, l'établissement d'un grand nombre de manufactures et d'ateliers dans les bourgs y avait attiré un surcroît de population. Enfin, une troisième cause y avait contribué aussi en éloignant du séjour des villes plusieurs individus de la classe ci-devant privilégiée.

« La population des bourgs avait augmenté tandis que celle des villes avait diminué.

« D'un autre côté, celle des hameaux paraissait avoir diminué plutôt qu'augmenté, d'où il résultait que l'influence exercée par la Révolution sur la division territoriale de la population semblait avoir eu une tendance à rapprocher les extrêmes. »

Cette diminution dans la population des communes purement rurales et agricoles, et cette augmentation dans la population des bourgs ou des communes manufacturières ou dotées de marchés, est devenue de plus en plus sensible.

Dans l'état suivant, on s'est borné à comparer la population en l'an III (1795) à celle des dénombrements de 1876 et 1886.

Canton de Pavilly

	Messidor an III	1876	1886
Barentin	1.764	3.172	4.275
Fréville	540	530	551
Pavilly	1.925	2.904	2.849
Sainte-Austreberte	400	425	426

Beautot................................	250	168	175
Blacqueville.........................	812	482	478
Bouville...............................	970	830	844
Butot....................................	400	254	261
Carville-la-Folletière.............	406	303	286
Croixmare.............................	790	717	604
Ecalles-Alix..........................	630	604	431
Emanville	660	455	473
Folletière (la).......................	200	109	104
Fresquiennes........................	1.000	575	564
Goupillières (et Renfeugère).....	403	278	255
Gueutteville.........................	230	206	171
Limésy.................................	1.473	1.213	1.156
Mesnil-Panneville (composée du Mesnil-Durécu, Panneville, Cidetot et Hardouville).	652	514	472
Mont-de-l'If..........................	340	225	145
Saint-Ouen-du-Breuil	450	397	362

Canton de Goderville

Goderville	680	1.361	1.344
Angerville-Bailleul...............	327	322	284
Annouville (et Vilmesnil).......	499	480	367
Auberville-la-Regnault...........	390	403	339
Bec-de-Mortagne (et Baigneville).	901	1.144	1.172
Bénarville	290	349	381
Bornambusc..........................	318	235	241
Bréauté (et le Hertelay).........	1.210	1.260	1.193
Bretteville-la-Chaussée.........	1.328	1.394	1.190
Daubeuf-Serville...................	470	648	555
Ecrainville (et Teunemare)......	1.244	1.084	928
Gonfreville-Caillot.................	330	364	327

Grainville-Imauville	435	519	453
Houquetot	405	267	260
Manneville-la-Goupil	750	828	746
Mentheville..................	266	256	246
Mirville	155	407	355
Saint-Maclou-la-Brière.........	500	530	553
Saint-Sauveur-d'Emalleville	674	542	480
Sausseusemare	815	510	478
Tocqueville-les-Murs	248	288	308
Vattetot-sur-Beaumont........	560	529	513
Virville....................	240	219	184

Canton de Saint-Romain-de-Colbosc

Saint-Romain (avec les anciennes communes de Saint-Michel-du-Haizel et de Grosmesnil)......	1.527	1.697	1.751
Cerlangue (la) (avec les anciennes communes de Saint-Jean-d'Abbetot et de Saint-Jean-des-Essarts).....................	1.111	879	990
Epretot......................	480	473	434
Etainhus.....................	400	524	537
Gommerville..................	617	546	596
Graimbouville.................	500	517	524
Oudalle......................	245	195	211
Remuée (la) (avec Loiselière)....	850	686	662
Rogerville...................	286	250	265
Sainneville..................	680	599	542
Saint-Aubin-Routot (avec les anciennes communes de Saint-Aubin-des-Cercueils et Beaucamp-le-Vieux).............	600	633	652
Saint-Eustache-la-Forêt........	754	844	921

Saint-Gilles-de-la-Neuville	762	696	567
Saint-Laurent-de-Brévedent	595	550	583
Saint-Vincent-Cramesnil	476	423	403
Saint-Vigor-d'Imonville	756	618	602
Sandouville	350	409	446
Tancarville..................	44	386	567
Trois-Pierres (les)	599	551	497

Canton de Londinières

Londinières (avec Boissay)......	1.162	1.146	1.115
Bailleul-Neuville	356	341	359
Baillolet...................	394	341	320
Bosc-Geffroy	370	346	382
Bures......................	502	420	407
Clais	362	340	350
Croixdalle...................	460	396	360
Fréauville	266	263	264
Fresnoy-Folny (avec Bailly-en-Campagne).................	790	976	865
Grandcourt (avec Ecotigny, Pierrepont, Deville, la Pierre)....	893	807	708
Preuseville (avec Hémie)........	456	425	352
Puisenval	86	115	101
Sainte-Agathe-d'Alihermont......	380	286	281
Saint-Pierre-des-Jonquières (avec Sainte-Trinité-des-Jonquières et Parfondeval)................	223	217	213
Saint-Valery-sous-Bures (avec Maintru et Osmoy)..........	620	464	475
Smermesnil (avec la Leuqueue et Lignemare)................	440	491	470
Wanchy-Capval...............	714	682	618

VOIRIE

Mémoire sur la voirie vicinale, 1789. Assemblée provinciale (C. 2121).

Mémoires et observations de M. de Germiny sur les travaux des routes pour le département de Rouen et sur les moyens les plus avantageux à employer pour leur perfection. — Observations de M. Aroux, curé de Sainte-Croix-des-Pelletiers, contre la multiplicité des routes : « Ne perdez pas en chemins inutiles un terrain précieux à la culture; faites réparer les chemins de communication. » Assemblée provinciale (C. 2205).

« En fait de voirie, on ne distinguait que les grandes routes et les chemins vicinaux.

« Les routes étaient aux dépens du Trésor national en vertu du décret du 16 frimaire an II. Avant cette époque, elles étaient aux frais de tout le département.

« Les chemins étaient aux frais des propriétaires des communes. »

Il est inutile d'insister sur le déplorable état des chemins vicinaux.

Les grandes routes, en quelques endroits d'une grandeur démesurée, laissaient elles-mêmes à désirer, bien que leur construction doive être considérée comme une des grandes œuvres nationales du dernier siècle.

Voici quelle était la situation des grandes routes du département de la Seine-Inférieure dans les premières années de la Révolution.

Le district de Rouen était traversé par huit grandes routes :

1° De Paris au Havre par Rouen. En bon état de l'Eure à la côte de la Valette (à 1 lieue de Rouen); mais, depuis cet endroit jusqu'à la fin du district de Rouen, dans un état de dégradation sur une longueur de 7,500 mètres;

2° De Paris à Dieppe par Magny, Rouen et Tôtes. En bon état de l'Eure à son embranchement, au-dessous de Maromme, avec celle de Paris au Havre; mais, de cet endroit au haut de la côte de Malaunay, sur une longueur de 5,000 mètres, très mauvaise;

3° D'Amiens à Alençon, en bon état;

4° De Rouen à Beauvais par Darnétal, voie facile et roulante; lacune entre Darnétal et le haut de la côte sur une longueur de 1,400 mètres;

5° De Rouen à Caen; présente deux parties de route en lacune : 1° entre le Grand-Couronne et une croix dite Croixmare; 2° à la côte de Moulineaux;

6° De Rouen au Havre par Duclair, Lillebonne, la Botte; présente une lacune de 7,620 mètres, impraticable en hiver;

7° De Rouen à Orléans par Elbeuf; il reste à faire en neuf 1,742 mètres;

8° D'Elbeuf au Pont-de-l'Arche; n'a que 1,393 mètres sur le département, dont 760 seulement exécutés.

Les autres districts étaient dans un état moins favorable.

(Rapport des travaux du département du mois de novembre 1792 au 1ᵉʳ brumaire an IV.)

TABLE

	Pages
Introduction..	3
Statistique générale................................	5
Animaux..	14
Appréciations......................................	17
Baux..	43
Biens communaux....................................	44
Chirurgie..	48
Cultures...	48
Défrichements......................................	67
Dîmes..	69
Épizooties...	71
Frais d'exploitation................................	71
Gabelle..	73
Gibier...	76
Haras..	79
Impositions..	80
Misère dans les paroisses...........................	81
Population...	104
Voirie...	111
Récapitulation générale des animaux utiles à l'agriculture.	113

DÉPARTEMENT DE LA SEINE-INFÉRIEURE
ANIMAUX UTILES À L'AGRICULTURE

RÉCAPITULATION GÉNÉRALE DES SEPT DISTRICTS

TABLEAU *énumératif des animaux utiles à l'agriculture et au service particulier, existants dans l'arrondissement, avec la désignation de l'espèce et de la quantité qui se trouve par district, à l'époque du 1ᵉʳ vendémiaire, 3ᵐᵉ année républicaine.*

NOMS DES DISTRICTS	POPULATION du DÉPARTEMENT par district	Étalons de service	Haras du Calendin ou autre	Chevaux	Jumens	Anes et Anesses	Mulets	Boucs	Chèvres	Taureaux	Bœufs	Vaches	Veaux	Béliers	Moutons	Brebis	Verrats de service	Cochons	Truyes	QUANTITÉ DES ANIMAUX QUI SE CONSOMMENT ANNUELLEMENT ET COMPRIS DANS LES 5 COLONNES CI-DESS				
																				Bœufs	Vaches	Veaux	Porcs	Mout
Rouen	169.504	95	»	3.796	4.449	687	27	4	153	116	42	11.457	3.330	413	16.672	9.018	59	1.639	522	3.549	9.083	8.247	2.372	38
Yvetot	90.717	29	»	3.057	3.785	238	26	4	10	115	7	11.443	5.079	928	23.115	25.107	53	973	614	105	4.009	9.000	1.200	11
Montivilliers	100.213	69	»	3.998	5.236	356	11	1	46	176	56	14.731	6.834	354	26.675	14.630	42	731	386	1.849	8.854	10.045	2.888	28
Cany	76.349	37	»	2.860	3.391	146	10	3	6	88	19	8.627	3.643	873	13.974	39.787	37	322	270	210	8.000	7.000	3.000	13
Dieppe	98.542	93	»	2.764	3.588	1.446	109	9	14	180	20	15.697	3.396	294	25.312	43.216	176	4.591	1.906	1.469	9.090	10.096	2.909	28
Neufchâtel	60.024	3	du pays	2.820	6.360	782	69	4	7	217	31	21.379	8.947	65	21.610	25.416	191	12.066	3.211	290	7.050	3.020	4.000	10
Gournay	38.520	»	»	1.851	3.194	373	14	»	»	226	8	17.591	2.480	144	16.717	6.402	37	2.380	2.000	»	3.038	3.038	3.156	9
Totaux	633.789	960	»	22.346	30.173	4.178	266	25	190	1.118	153	100.925	34.408	3.065	144.275	163.576	375	22.552	9.209	7.417	49.112	52.363	21.525	138

RÉSULTAT

	Bœufs	Vaches	Veaux	Porcs	Moutons
Les quantités nécessaires à la vie existantes dans le département sont au total de	153	100.925	34.408	22.552	144.275
Celles pour la consommation sont de	7.417	49.112	52.353	21.553	138.868
Excédent	»	51.813	»	999	5.407
Manquant	7.264	»	17.955	»	»

Envoyé à la commission d'agriculture et des arts le 26 messidor an 3 (14 juillet 1795).